经济管理学术文库·经济类

基于质量声誉的畜产品质量安全问题研究

——新制度主义的理论解释与实证

The Quality and Safety Research of Livestock Products Based on the Quality Reputation

游锡火／著

图书在版编目（CIP）数据

基于质量声誉的畜产品质量安全问题研究——新制度主义的理论解释与实证／游锡火著．—北京：经济管理出版社，2019.8
ISBN 978-7-5096-6887-0

Ⅰ.①基… Ⅱ.①游… Ⅲ.①畜产品—质量管理—安全管理—研究
Ⅳ.①TS251

中国版本图书馆 CIP 数据核字（2019）第 176671 号

组稿编辑：张　昕
责任编辑：张　昕　杜羽茜
责任印制：黄章平
责任校对：董杉珊

出版发行：经济管理出版社
（北京市海淀区北蜂窝 8 号中雅大厦 A 座 11 层　100038）
网　　址：www.E-mp.com.cn
电　　话：（010）51915602
印　　刷：北京玺诚印务有限公司
经　　销：新华书店
开　　本：720mm×1000mm/16
印　　张：10.25
字　　数：152 千字
版　　次：2020 年 6 月第 1 版　　2020 年 6 月第 1 次印刷
书　　号：ISBN 978-7-5096-6887-0
定　　价：98.00 元

前　言

PREFACE

作为世界上最大的畜产品生产和消费大国，我国近年来一直受到畜产品质量安全问题的困扰，并成为影响我国畜牧业发展的主要矛盾之一。本书尝试运用新制度主义理论、声誉理论，试图揭示影响我国畜产品质量安全的制度因素。本书经过理论分析发现：

第一，畜产品质量安全不仅是一个客观质量的问题，而且是一个主观评价的过程。畜产品质量安全存在双重二元性，即产品实体层面的质量安全—消费者心理层面的质量安全；官方评价的质量安全—消费者评价的质量安全。第二，消费者心理层面的质量安全的实质是消费者对畜产品的不信任，这是影响我国畜牧业发展的关键因素。畜产品供应商的制度分离行为、官方媒介与质量评价机构的夸大或选择性宣传、中国社会信任文化的缺失是造成消费者心理层面的质量不安全的主要原因。第三，当前，我国畜产品市场的制度环境存在制度分割现象，畜产品供应商与消费者面临着不同的制度环境。在畜产品市场的组织场域中，畜产品供应商与消费者存在非常大的权力差距，这是畜产品供应商比消费者离质量评价中心制度更近的重要原因。第四，我国畜产品市场的质量评价制度存在正式制度与非正式制度的巨大冲突。第五，畜产品市场存在畜产品质量的二元声誉现象——官方声誉与民间声誉。畜产品供应商没有获得消费者赋予的合法性是导致民间声誉不高的重要原因。第六，畜产品市场的制度环境和市场的组织程度是影响民间声誉建立的重要前因变量。民间声誉的建立有助于获得消费者的信任，即建立消费者心理层面的质量安全。

在理论分析的基础上，本书实证研究发现：首先，畜产品市场的区域分割程度、畜产品供应商和消费者的制度距离、消费者群体的分化程度都对畜产品的民间质量声誉有显著的负向影响；其次，质量合法性负向调节了畜产品市场的区域分割程度、畜产品供应商和消费者的制度距离、消费者群体的分化程度与畜产品的民间质量声誉之间的关系；再次，畜产品市场的质量符号资源的分化程度负向调节了畜产品市场的区域分割程度、消费者群体的分化程度与畜产品的民间质量声誉之间的关系；最后，畜产品的民间质量声誉与畜产品信任存在显著的正相关关系。

本书可能在以下三个方面存在创新：

（1）不同于以往研究注重畜产品的产品实体层面质量和官方评价的质量，本书在全面阐述畜产品质量安全的二元性基础上，指出目前影响畜产品消费信心的关键在于民间评价的质量不安全以及消费者心理层面的质量不安全。然后提出消费者心理层面的质量不安全是一种质量信任问题，民间评价的质量不安全需要加强质量声誉的建设。

（2）以往对畜产品质量安全的研究多关注经济环境与经济要素的影响，本书对畜产品市场的制度环境进行了分析，揭示了畜产品市场的质量保证制度的形成，阐明了畜产品质量合法性的概念、构成，揭示了畜产品质量合法性与畜产品声誉的关系。

（3）以往研究多从经济学来分析声誉的形成机制，本书尝试运用新制度主义理论来解释畜产品民间质量声誉的形成机制，建立了畜产品民间质量声誉形成机制的理论模型，分析了畜产品市场的制度环境、市场组织程度对畜产品民间质量声誉形成的影响，分析了畜产品的质量合法性在畜产品市场的制度环境、市场组织程度与畜产品民间质量声誉间的中介作用，分析了畜产品质量符号分化在畜产品市场的制度环境、市场组织程度与畜产品民间质量声誉间的调节作用，分析了畜产品的民间质量声誉与质量信任的关系。在此基础上提出了相应的假设，并进行了实证检验。

目　录

CONTENTS

第一章　导　论

畜产品是指通过畜牧生产获得的产品，如肉、乳、蛋和皮毛等。改革开放40多年来，我国的畜牧业发展取得了举世瞩目的成就，各种畜产品的产量大幅增加，为保障畜产品的有效供给、促进农民增收、保护生态环境做出了重要贡献。但是，我国畜牧业在持续快速发展的过程中也暴露出了不少问题，出现了“瘦肉精”“红心鸭蛋”“三鹿”婴幼儿奶粉等重大产品质量安全事件，威胁到国民的身体健康，对社会稳定和畜产品消费产生了严重的负面影响。因此，畜产品质量安全问题已经成为国家和社会关注的焦点，也成为学术界的研究热点之一。

第一节 选题背景与研究意义

一、选题背景

1. 从畜产品质量安全的二元性谈起

当前，畜产品质量安全问题已经成为影响社会和谐、经济稳健发展的重要因素。深入分析畜产品质量安全问题，我们发现，当前消费者对畜产品质量不安全的感知按其来源可分为两种：一是确实是由产品质量不安全属性引发的质量不安全感知；二是由于缺乏信任而带来的质量不安全心理感知，表现为对任何品牌的某种或所有畜产品都缺乏信任，认为其质量是不安全的。

这两种来源的畜产品质量不安全感知导致了在畜产品市场上，一边是供应商和政府机构在给消费者进行质量信心打气，比如，中国乳制品工业协会 2012 年 5 月发布的《婴幼儿乳粉质量报告》，对当下的国产乳粉质量给予了“历史最好”评价。中国乳制品工业协会理事长宋昆冈说，三聚氰胺事件过去三年多来，中国乳业经过清理整顿，实施许可证管理制度，加大产品监督抽查力度，“中国乳业已经发生了根本变化”，“目前国产乳制品、婴幼儿配方乳粉的质量安全状况是历史最好时期，消费者可以放心购买”。然而，另一边，对于中国乳制品工业协会给予的国产乳粉质量“历史最好”评价，很多消费者的第一反应是不可能，表现出强烈的不信任。在网易网站进行的“乳协是否说了真话”的调查中，共有 1089 名消费者参与调查，有 94%的消费者认为乳协没有说真话。这种供应商方和消费者方对畜产品质量的不同看法现象我们不妨称之为畜产品质量安全的二元性。

不可否认，畜产品的质量安全问题与质量监管等法律法规有着密不可分的关系。严格监管对于塑造消费者的畜产品消费信心有着重要作用，但我们仍然需要分析影响消费者信心的机制。以婴幼儿奶粉为例，国外的奶粉也是安全问题频出。新西兰的奶粉，美国的雅培、美赞臣奶粉都出现过质量问题。新西兰等国家的企业在质量问题上也存在隐瞒质量问题等恶劣现象。然而，正如宁高宁在 2013 年召开的中国食品质量安全会议上的发言所指出的：即使国外的产品有毒，消费者也愿意购买国外的产品。这说明我国消费者对畜产品质量不安全的感知更主要是来自于缺乏信任而带来的质量不安全心理感知。我们认为，由于畜产品质量安全的巨大危害性，由于畜产品质量安全事件发生中权威机构的乱作为、不作为，甚至危害消费者利益的假作为，使畜产品市场的质量合法性缺失，声誉难以建立。因此，只有解决消费者心中对我国畜产品质量不安全的合法性缺失问题，树立畜产品的高质量声誉，才树立消费者对畜产品的质量安全感，真正解决我国畜产品的质量安全问题。

2. 畜产品市场的声誉问题

作为一种普遍而重要的社会现象，声誉得到了经济学家的广泛关注，已经成为经济学中的一个重要概念。但是，经济社会学对声誉的关注较少。韦伯这样说过，“如果人们的活动受到他人行动的影响并且受到行动者主观意义的影响，那么，这些行为就是社会行为”。组织的声誉是在不同群体和个人相互作用的过程和共同承认的基础上建立起来的。因此，声誉是一种社会现象，是一种社会制度。它与韦伯提出的“地位”（Status）、“社会声誉”（Social Honor）等概念十分接近。

在经济学家看来，声誉是解决信息不对称问题的一个有效手段。以旧车市场为例，一个稳定的旧车买卖公司可以有效解决信息不对称问题，因为稳定存在的公司可以利用过去行为的声誉向顾客表明自己产品的可信度，而且可以对卖出的产品实行“三包”等制度措施。按照经济学的这一逻辑来分析，如果畜产品市场能够建立统一且稳定的声誉层级制度，那么，出现质量问题的企业将会面临丧失声誉的风险，其将投入资源去提高和保证产品质量，以建立和维持声誉。然而，当前，在畜产品行业，不同的群体对畜产品生产商的声誉评价存在差异性，行业协会、生产商认为畜产品的质量高，但消费者、社会公众却并不这么认为，他们并不信任中国畜产品供应商提供的产品。此外，不同的畜产品在声誉建设方面的积极性存在差异，奶制品行业普遍重视声誉，但肉制品行业对声誉的重视程度则要稍弱。

那么，是什么原因导致畜产品市场没有建立统一的声誉市场呢？为什么不同的畜产品行业对声誉建设的积极性存在差异？建立声誉是否真的有助于消费者和社会公众感知到畜产品质量的提升呢？制度主义认为，声誉常常是多维度的，并不仅仅是客观信息，而是来源于各个社会群体中个人相互作用的社会评估过程。我们需要关注声誉现象的社会基础。因此，声誉是建立在合乎情理和合法的基础之上的。

二、研究意义

研究畜产品质量安全的声誉形成等问题，具有以下重要的理论意义和实践意义：

（1）理论意义。一方面，前人往往倾向于运用经济学理论分析质量安全的影响因素，但当前影响畜产品质量安全的因素更主要是消费者对畜产品供应商的行为与提供产品的不接受、不认可、不信任，即没有获得合法性。这主要是一种社会判断，而不是经济判断。因此，从新制度主义的组织合法性理论出发来研究畜产品供应商的合法性获得与消费者感知的畜产品质量安全的关系具有一定的合理性。本书从新制度主义理论视角，系统分析影响畜产品质量安全的制度环境因素，揭示制度环境、畜产品的质量合法性对畜产品质量安全的影响机理，能拓宽新制度主义在食品安全领域的应用。另一方面，学者们通常运用信息经济学等理论来研究声誉机制。组织学中的新制度主义学派强调社会文化、社会观念和制度设施对组织发展的影响。本书从新制度主义理论视角解析畜产品质量安全的声誉形成机制，研究这些制度设施在群体间的评估过程中，在声誉建立和变化过程中的重要性，从而为声誉机制提供另一种解释，有助于推动声誉理论的发展。

（2）实践意义。畜产品质量安全的提升对于建设和谐社会，实现“中国梦”，推动中国经济持续健康稳定发展具有重要的现实意义。一方面，畜产品的质量安全关系到人们的身体健康和社会稳定，是“中国梦”的最基本要求。随着我国居民收入水平提高，人们的食品安全意识增强，畜产品的安全属性在畜产品购买决策中的重要性日益凸显。近年来日益严峻的畜产品质量安全形势严重降低了人们的幸福感和生活安全感，给社会造成了不稳定因素。本书探讨国内畜产品质量安全的声誉机制，能强化人们对国内畜产品质量的安全感、信任感，促进“中国梦”的早日实现。另一方面，畜产品质量安全关系到人们对国内产品消费的信心，是影响内需大小、影响中国经济结构转型的重要问题。我国经济正处于由投资拉动向消费拉动的关键阶段。由于畜产品质量安全问题给人们带来的消费信心缺失，很多消费者转而购买进口产品或减少购买国内畜产品，在很大程度上影响了社会主义市场经济的转型与持续稳定发展。本书通过分析影响畜产品质量安全的声誉机制，提出畜产品质量提升的对策，有助于中国成功实现经济转型，推动经济持续健康发展。

第二节 研究目标和方法

一、研究目标

本书的目标主要有以下五个：第一，阐明畜产品质量安全的特征及其形成机制；第二，刻画畜产品供应商所处的制度环境；第三，阐明畜产品质量声誉特点以及民间质量声誉的形成机制；第四，揭示畜产品供应商的制度环境对畜产品民间质量声誉形成的影响机理；第五，提出建立畜产品质量声誉，提高畜产品质量安全的对策建议。

二、研究方法

本书采用了新制度主义研究方法，文献整理与问卷调研相结合，理论分析与实证研究相结合等研究方法。下面主要介绍本书所使用的新制度主义研究方法，以及实证研究方法。

1. 新制度主义研究方法

新制度主义认为，组织面临着两种环境：技术环境和制度环境。这两种环境对组织的要求是不一样的。技术环境要求组织有效率，即按照最大化原则来运行。然而，组织不仅是技术环境的产物，而且也是制度环境的产物。各种组织同时生存在制度环境中，是制度化的组织。组织的制度化过程是组织或个人不断接受和采纳外界公认、赞许的形式、做法或“社会事实”，即获得合法性的过程。新制度主义研究方法运用组织合法性、分离（Decoupling）等理论研究组织制度环境对组织行为的影响以及组织的对策。

2. 实证研究方法

本书采用的实证研究分为小样本预测和大样本调查。调查主要采用问卷邮寄、现场发放和专门走访等方式，样本的选择采用简单随机抽样的方法。针对小样本的回收数据进行测项净化和信度评估。在对问卷进行修正的基础上，进行大规模的问卷调查。本书的统计分析方法是多元统计分析中的结构方程模型分析和分组回归分析，使用的统计软件是Amos 7.0 和 SPSS 15.0。本书运用 SPSS 15.0 软件对问卷回收的数据进行了描述性统计分析、效度和信度分析、因子分析等分析过程，并使用SPSS 15.0 检验了理论模型中的直接作用、中介作用和调节作用。

第三节
文献综述

畜产品质量安全受到产地环境、农药兽药残留、病菌污染等环境和技术因素的制约，本书主要综述影响畜产品质量安全的经济因素和社会因素。下面我们在信息经济学、产业组织理论、经济社会学的分析框架下，梳理畜产品质量安全的特点、影响因素以及解决机制等方面的相关文献，为后文研究畜产品的质量声誉以及质量安全提供理论基础。

一、畜产品质量安全的特点

畜产品质量安全有四个特点。一是隐蔽性，即人的直接感觉不能发现和做出评价，必须借助仪器设备才能够检测出来，并由专业人员进行安全性判断。农产品中的农药残留、重金属等有毒有害物用肉眼是分辨不出来的，而且这些有毒有害物在农产品中很低的含量就可能对人体健康产生危害，需要借助高新仪器进行检验鉴别。二是后滞性，即不安全因素对人的危害在多数情况下不表现为急性，而是表现为慢性，在不知不觉中影响人体的健康，容易被人们所忽视。长期食用后，在人体内积累到一定的程度才能看出危害结果。三是相对性，即表现为产品中的有害物质、安全评价和安全对象的相对性。农产品不含任何有毒有害物是不可能的，农作物生长在环境中，必然会受到外界环境的影响，也受到生产过程的影响。四是复杂性。在畜产品从养殖到餐桌整个过程中影响质量安全的因素很多，大致有五个方面。一是兽药残留。包括在养殖过程中因畜禽疫病带来各种有害的微生物以及在治疗后留下的兽药残留。二是饲料添加剂中带来的各种有害物质。如超标使用重金属、抗生素等。三是非法添加有害物质。少数养殖户在饲料中，在鲜奶里人为地非法添加盐酸克伦特罗（瘦肉精）、三聚氰胺等有害物质。四是环境污染。即从废水、废气和废渣（粉尘）“三废”中带来的氟、砷、镉、铅、汞、锰等有害物质。五是人畜共患病。包括传染病和寄生虫病。

二、 畜产品质量安全的影响因素研究综述

1. 信息不对称对畜产品质量安全的影响

由于畜产品具有“经验品”和“信用品”的特征，非常容易造成畜产品质量信息的不对称，而这正是市场失灵、假冒伪劣产品众多的根源。

经济学界对产品质量问题的研究都是围绕信息不对称这一主线进行的。从 Akerlof 开创了逆向选择理论先河的旧车市场模型（Lemons Model）到在博弈论基础上发展起来的信息甄别、信号发送以及声誉机制等一系列理论都是围绕信息不对称这一线索展开的。其中，声誉机制是研究企业内部约束机制的经典理论之一。

Grossman（1981）的研究认为，如果通过声誉机制形成一个独特的高质量高价格的市场均衡，就可以取得与市场信息充分状态下一样的结果，而不需要通过政府来解决食品安全问题。Caswell 和 Mojduszka（1996）的研究认为，在不对称不完全信息状态下，质量信号（特别是标签）可以将信用品转变为搜寻品，使消费者在购买之前就可以判断商品质量；但在对称不完全信息下，因供应者无法提供法律或管理者所需的质量信息，设计的政策如标签管理往往也变得无效。Caswell 和 Mojduszka（1996）、Antle（1996）的研究认为，市场机制下食品安全管理政策效能的高低关键取决于合适的信息制度，具体包括企业的声誉形成机制、产品质量认证体系、标签管理、法律和规制的制定等。

谢瑜（2008）在详细分析信息不对称理论的基础上得出食品质量信息对生产商、消费者、政府均不完备，并指出产生信息不对称的理论动因有四点，即社会劳动分工和专业化存在、发展的必然结果，信息的搜索成本的存在，信息具有公共物品的性质，拥有信息的交易者对信息的垄断。

2. 责任不可追溯对畜产品质量安全的影响

责任不可追溯造成的市场失灵是导致农产品质量安全问题发生的根本原因之一。这一研究结论率先得到了欧盟以及其他发达国家政策制定者的认可，并从政策管理角度重视建立食品可追溯体系（FAO，WHO，2002），而且在一些欧美国家不具备可追溯功能的食品禁止进入市场（Hobbs，2004）。我国自 2002 年开始也在发达地区推行肉菜可追溯体系建设实践的探索，但有效可追溯体系的建立与可追溯信息的处理本质是因追溯行为而产生的经济问题。与发达国家相比，我国猪肉实施质量安全追溯管理的最大困难是猪肉供给体系的复杂多样性带来的高监管成本。鉴于当前我国猪肉质量安全的主要问题是由上游环节传导而诱发的特点，鉴于我国屠宰加工环节经营主体数量大大少于养殖环节、分销环节以及具有更强的资金和质量控制技术实力的事实，加上中国已实行生猪定点屠宰检疫政策和推行规模化高产能加工政策，今后猪肉产业链中的物流和信息流将更集中至屠宰加工环节①，因此，与猪肉供应链其他环节主体相比，生猪屠宰加工企业对猪肉产品实施质量安全追溯的有效性及经济性更优（孙世民，2006；吴秀敏，2006；沙鸣等，2011）。在探索推进养殖环节饲养记录制度和建立生猪养殖准入机制的同时，推行“加工企业带源头”产业化模式，利用猪肉屠宰加工企业因市场的压力或对品牌信誉等的追求而提高对上游原料质量追溯的动机，与下游经营者的协作，将成为当前我国提高猪肉质量安全追溯水平的高效管理路径（周洁红，2012）。

3. 畜产品市场的产业组织形态对畜产品质量安全的影响

已有研究表明，农产品的质量安全水平的确与该产业的发展模式有十分紧密的联系。一方面，生产者的数量、投入规模、技术运用、资金实力等体现生产组织方式差异的因素对农产品质量安全有显著的影响

① 当前我国县级以上城市猪肉供应已基本上来自生猪定点屠宰企业，乡镇定点屠宰率近 97%（《全国生猪屠宰行业发展规划纲要》，2010）。

（邹传彪等，2004；张云华等，2004；周洁红，2006；等等）；另一方面，交易的紧密程度、次级市场的数量、契约的完整性等体现市场交易类型差异的因素亦对农产品质量安全具有显著的影响（Hennessy，1996；王瑜等，2008；朱文涛等，2008；赵建欣等，2008；Young and Hobbs，2002）。因此，在以小规模散养为主的生产组织方式和以中间商参与为主的市场交易类型所构成的畜牧业发展模式下，畜产品的质量安全必然得不到有效保障。

4. 交易机制对畜产品质量安全的影响

畜产品市场的组织形态、交易方式与企业控制畜产品质量安全行为密切相关。Starbird 和 Vincent（2007）等实证研究发现，畜产品上下游企业，通常会签订包含可追溯性条款的合约，以确保食品及原料的安全，但是也有企业会选择垂直一体化，来解决与食品安全有关的市场上的道德风险问题。企业的食品安全控制行为，会引起产业组织形态变化。Pouliot 和 Sumner（2008）进一步研究发现，合约所涉及的企业数量的增加，会降低合约的有效性。也就是说，在行业规模既定的条件下，单个企业的规模越大，通过可追溯性条款确保食品安全的可能性也越大。包含可追溯性条款的合约，会推动企业间的横向兼并。卫龙宝（2004）、张云华（2004）、黄祖辉（2003）等的研究认为，龙头企业、农民协会、农村合作经济组织通过契约形式，组织生产和销售畜产品，对畜产品质量安全具有积极作用。通过与农民签订购销合同、协议等形式，组织生产和销售，对提高农产品安全水平也起到了重要作用。

三、 畜产品质量安全的解决机制研究综述

1. 政府管制（或规制）与畜产品质量安全

畜产品质量安全信息具有公共物品的性质，而对于畜产品市场的监督和管理也是公共物品，畜产品质量安全问题中的公共物品问题是不能通过市场机制来解决的，政府管制对于畜产品市场“柠檬问题”的破

解不可或缺。政府管制是指具有法律地位的、相对独立的政府管制者或管制机构，依据有关法律法规和程序对被管制者所实施的行政管理与行政监督措施及行为。政府管制是解决“市场失灵”的基本途径之一，其理论基础包括市场失灵（Market Failure）、自然垄断（Natural Monopoly）、信息不对称（Asymmetry of Information）、外部性（Externality）、公共利益（Public Interest）等。

对畜产品质量安全的政府管制研究侧重分析要素（如饲料、兽药）供给者、生产者、加工者、流通者、销售者、消费者、第三方等相关主体的控制行为选择，对畜产品质量的安全的影响。

然而，对于政府管制是否有利于畜产品的质量安全，学术界仍存在不同的意见。Mudalige 和 Henson（2006）的实证研究认为，市场需求是企业采取控制行为的主要动因，而强制性的食品质量安全规制政策对企业行为的影响并不显著。Woerkum 和 Lieshout（2007）的案例研究认为，许多食品安全问题通常是行业层面而非企业层面的，单个企业的管理措施缺乏效率甚至无效。Moore（2008）等的实证研究发现，在企业采取了各种自愿性食品安全控制措施的情况下，政府的强制性公共规制对食品安全水平提升的贡献仅为20%，另外80%的贡献来自企业的私人规制行为。

因此，政府管制对畜产品质量安全的促进作用是有前提条件的。Richards（2009）等的实证研究发现，收益滞后性、公共产品效应，是制约企业畜产品质量安全控制投资的主导性因素。Herath（2007）等的调查实证研究发现，企业规模、所属子行业、出口导向、创新水平、企业所有权或控制权归属以及政府食品安全检查的形式六类特征，对企业采纳 HACCP、GMP、标杆管理、供应链认证以及入厂抽检等畜产品质量安全控制措施的影响。其中，企业规模以及所属子行业的特征的影响最大。Arpanutud（2009）等通过进一步的实证研究发现，除企业规模之外，依法采取控制措施的期望社会收益、对企业竞争力的提升程度以及是否重视与利益相关者的沟通交流等因素，也对企业的食品安全控制行为有较大影响。Ollinger 和 Lobb（2007）等的实证结果表明，消费者的畜产品质量安全认知依赖于外部信息。对不同信息源的信任，通过影响风险感知，进而影响态度，间接影响消费者购买行为，尤其是发现对媒体以及独立机构等信息源的信任，显著降低了消费者购买不安全食品的可能性。Loureiro 和 Umberger（2007）等对消费者的不同标识信息源偏好进行了实证分析，结果表明，消费者对食品安全检验标识的偏好远高于可追溯性标识、原产地标识以及嫩度标识，只有当原产地与高质量的食品相关时，原产地标识对消费者才是有价值的信息，因而建议政府不必对原产地标识、嫩度标识进行强制性规制，但是对于安全检验标识的规制则应该是强制性的。

Caswell 和 Mojduszka 认为在市场机制下，有关食品安全管制政策效能高低的关键在于包括企业的声誉形成机制、产品质量认证体系、标签管理、法律和规制的制定、各种标准战略及消费者教育等在内的信息监管体制。

2. 信息机制与畜产品质量安全

（1）信息标示。产品信息的标示是一种质量承诺背书，它一方面对消费者的选购行为起着信号的指引作用，另一方面又是生产、供给者提高产品市场竞争力的重要手段。除了在产品上直接予以标示外，产品标签是一种主要的产品信息标示载体。Hayne E. Leland（1979）认为通过质量认证的方式实行最低质量标准市场准入限制是解决该问题的一个可行方案，尽管它不是一个最优的方案。此外，根据 Kohls 和 Uhl 等的研究结论，在市场参与者不能准确识别产品质量时，质量分级体系的应用有助于事先明确产品的质量、形成交易的标准化“语言”、降低交易成本、促进市场发展，因为质量分级的结果能向消费者传递产品质量信息，降低信息不对称对市场的负面影响。然而，另外一些学者的研究结论却对农产品质量分级的价值提供了负向的支持，如 Bockstael 通过对加入质量变量的市场模型的构造，分析了最低质量标准引起的福利得失，对最低质量标准在农产品市场中的作用提出了质疑，认为在农产品市场上能够得以持续实施的最低质量标准往往是让生产者得利而让消费者受损的标准（赵卓、于冷，2008）。

（2）信息追溯。可追溯（Traceability）这一概念出自 GB/T6583—1994，ISO8402—1994《质量管理和质量保证——术语》：“Traceability is theability to trace the history，application or location of an entity by means of recoded information”，即“通过标识信息追踪实体的历史、应用情况或所处位置的能力”。发达国家非常重视食品追溯制度。在一些欧美国家，不具备可追溯功能的食品禁止进入市场（Hobbs，2004）。

3. 声誉机制与畜产品质量安全

经济学理论和经济实践都已说明，规制也可能产生“规制失灵”（Regulation Failure）。相对于政府管制，声誉机制是解决“市场失灵”的另一基本途径。与法律等政府管制措施相比，声誉机制是一种成本更低的维持交易秩序的机制，特别是在许多情况下，法律等政府管制措施无能为力，只能靠声誉机制发挥调节作用。声誉机制发生作用的条件概括为以下四点：第一，博弈必须是重复的，或者说，交易关系必须有足够高的概率持续下去；第二，当事人必须有足够的耐心；第三，当事人的不诚实行为能被及时观察到；第四，当事人必须有足够的积极性和可能性对交易对手的欺骗行为进行惩罚。Shapiro（1983）认为，市场声誉有传递信号的作用，他证明了当产品质量不能被消费者观察到时，好的市场声誉能够给企业带来溢价（Premium），而这一溢价反过来又能促使企业在长期内保持自身好的市场声誉。Grossman（1981）认为，在信息不对称的情况下，不需要政府来解决食品市场的质量安全，因为通过市场声誉机制可形成高质量高价格的市场均衡。

Wilson 和 Kreps（1982）、Milgrom 和 Roberts（1982）的研究表明，只要消费者对垄断者的技术及目标函数的信息是不完全的，即使博弈是有限次的，但也会有声誉效应。其声誉模型以消费者关于垄断者的不完全信息为基础展开分析。研究表明，垄断者需要通过在一定时期内提供高质量服务，以建立并维持一定质量声誉，才能实现跨期收益最大化。尽管提供低质量服务是其最大化即期收益的最优选择，但不诚实型可以通过提供高质量产品以建立自身信誉，以增大消费者对其属于诚实类型的信念。通过有限次市场交易，理性垄断者会在最后一次交易中通过提供低质量产品而一次性用尽以前各期建立的质量声誉，以实现跨期收益的最大化。研究的重要发现是，即使垄断者有很小的可能性提供高质量产品，但只要消费者选择重复购买，只要重复购买次数足够多，那么出于自身跨期收益最大化动机的垄断者很有可能建立一个高质量声誉，在一定时期内提供高质量产品。

声誉在信任品市场发挥的作用。翁媛媛认为在市场经济环境下，制造商生产正规产品还是生产假冒产品，实质上是生产者、消费者在一定外部制度下各自合理性行为的博弈结果，并运用 KMRW 声誉模型[①]加以分析，得出只要制假企业的收益不足以弥补其生产成本和赔偿费用，制假行为就会减少甚至消失的结论。

樊孝凤（2007）基于产品质量声誉理论对中国生鲜蔬菜质量安全治理过程中所面临的“柠檬”问题展开了研究，其在对 Shaprio 质量声誉模型加以改进的基础上认为逆向选择导致的蔬菜农药残留超标问题应主要通过市场声誉机制来治理，其还应用概率单位模型对中国生鲜蔬菜市场声誉机制的建立与影响因素进行实证分析后认为，蔬菜生产经营者的质量声誉与其规模大小、蔬菜是否被认证、销售地点是否固定、是否进行广告推销、是否有生产经营者信息、有无蔬菜产地信息等因素之间呈正相关关系但相关关系的密切度有差异，其中规模大小和蔬菜是否被认证这两个因素目前在蔬菜市场对蔬菜质量声誉的形成与维持影响最大。

4. 畜产品的产业组织形态优化与畜产品质量安全

Martinez 和 Zering（2004）针对过去集中于猪肉组织安排的绩效进行

---

① KMRW 声誉模型由克瑞普斯、米尔格罗姆、罗伯茨和威尔逊（Kreps，Milgrom，Roberts and Wilson，1982）提出，该模型认为，参与人对其他参与人支付函数或战略空间的不完全信息对均衡结果有重要影响，合作行为在有限次重复博弈中会出现，只要博弈重复次数足够长。

分析，认为研究改变组织制度与改善猪肉质量安全的关系有重要意义。以契约为纽带建立起来的垂直协作关系对畜产品质量的影响。垂直协作（Vertical Coordination）是指食品供给链中上下游相关企业与农户之间的经济联合，即食品供给链中所有纵向相互依赖、相互协作的生产和销售活动方式，范围包括市场交易、不同形式的契约和完全一体化（Rehber，2001）。

张云华等（2004）较早运用交易成本等理论建立了一个简化的两阶段食品质量安全契约模型，从交易成本、风险和不确定性以及消费者需求与企业质量声誉角度分析了安全食品供给中纵向契约协作的必要性。认为垂直契约协作是发达国家安全食品供给链中常见的一种产业治理结构，也必将是未来我国食品产业在安全食品供给中，公司间和公司与农户间主要采用的合作形式。

Maze（2001）等分析了食品供给链中食品质量与治理结构的关系问题。Hennessy（2001）等论述了在安全食品的供给中食品产业的领导力量的作用及机制。Weaver 和 Kim（2001）、Hudson（2001）对食品供给链中的契约协作进行了理论和实证分析。Vetter（2002）等讨论了治理结构中纵向一体化解决消费者无法识别质量特征的信用品市场上存在的道德风险问题。研究认为，纵向协作（Vertical Coordi-Nation）是一个连续体，能够更加紧密地连接食品生产或加工各连续阶段的任何类型的正式或非正式安排，市场价格体系、纵向一体化、契约、合作或合并等都是其中的一些可行方法。

吕志轩（2008）的考察研究认为，交易的组织形态可以作为判断交易物品属性的外部指标，没有供应链的一体化就没有规模化或组织化的农产品生产经营方式，进而一定没有农产品质量安全。

5. 畜产品的交易机制与畜产品质量安全

学界学者普遍认同，应引入供应链管理思想，利用各种社会资源和力量，改“末端治理”为“源头控制”，对“从田间到餐桌”的整个食品供应链进行综合管理。周德翼和杨海娟（2002）、周洁红和黄祖辉

（2003）的研究认为，在当前我国生产、流通组织规模偏小的情况下，还应鼓励建设由食品产业链相关企业的主要厂商组成的行业协会，委托协会制定和管理食品安全标准及为消费者提供食品安全信息，以降低政府实施检测和监督的成本。王秀清和孙云峰（2002）提出，应从食品产业链整体出发成立一个涉及农业和食品部门的全国统一机构，最终促进食品质量信号的有效传递，确保食品安全。胡定寰（2006）的研究认为，通过“超市+龙头企业（合作组织）+农户”模式对整个农产品供应链上进行食品安全管理，可以有效地提高食品安全的管理水平。

第四节 本书研究思路和技术路线

一、研究思路

笔者对中国畜产品的质量安全问题进行深入分析后发现，畜产品质量安全具有二元性，即畜产品供应商认为畜产品的质量很好，而消费者认为畜产品的质量不安全。消费者对畜产品不安全的认知更主要是基于心理层面的不认可、不信任。因此，培育信任、塑造声誉是解决消费者感知的畜产品质量不安全的重要机制。声誉的产生、延续和分布与特定的社会承认的逻辑密切相关。基于以上分析，本书从畜产品质量安全的二元性出发，刻画畜产品供应商所处的制度环境，阐明畜产品的质量声誉特点，提出畜产品质量声誉的二元性。然后运用新制度主义中的组织合法性理论，揭示制度环境对消费者感知的质量声誉的影响机理，以及消费者感知的质量声誉对消费者的畜产品质量信任的影响，为缓解消费者感知的畜产品质量不安全问题提供理论指导。

二、 研究技术路线

基于在畜产品生产与销售过程中对畜产品质量安全问题的长期思考，在继承组织合法性理论、声誉理论、质量管理等相关理论的基础上，本书将组织合法性、声誉理论运用于畜产品质量安全领域，首先阐明了畜产品质量安全的特征及其形成机制，刻画了畜产品供应商所处的制度环境，阐明畜产品质量声誉特点及其形成机制。然后揭示了畜产品供应商的制度环境对质量声誉形成的影响机理，并进行了模型的概念化、变量的可操作性设计，在此基础上形成了系统的理论假设。为了验证这种理论推断是否成立，本书通过因子分析、回归分析等统计分析方法，采用 SPSS 15.0 等软件对基于理论分析推导出的概念模型进行了实证研究（具体技术路线见图 1-1）。

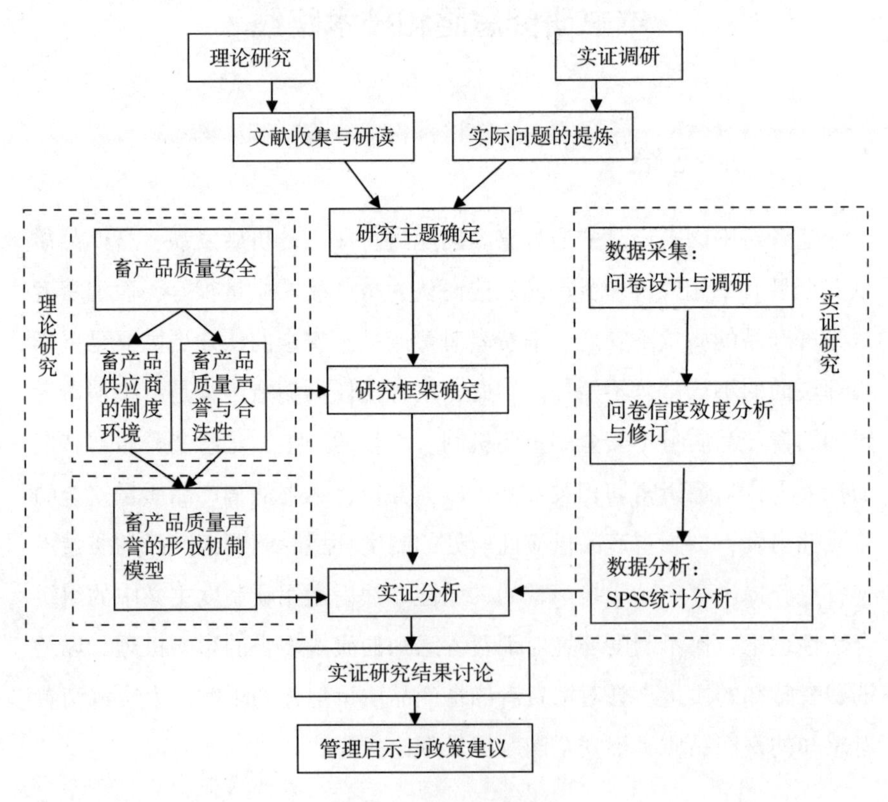

图 1-1 本书技术路线

第五节 研究创新和未来研究方向

一、研究创新

本书可能存在以下几个方面的创新：

（1）不同于以往研究注重畜产品的产品实体层面质量和官方评价的质量，本书在全面阐述畜产品质量安全的二元性基础上，提出目前影响畜产品消费信心的关键在于民间评价的质量不安全以及消费者心理层面的质量不安全。然后提出消费者心理层面的质量不安全是一种质量信任问题，民间评价的质量不安全需要加强质量声誉的建设。

（2）以往对畜产品质量安全的研究多关注经济环境与经济要素的影响，本书对畜产品市场的制度环境进行了分析，揭示了畜产品市场的质量保证制度的形成，阐明了畜产品质量合法性的概念、构成，揭示了畜产品质量合法性与畜产品声誉的关系。

（3）以往研究多从经济学来分析声誉的形成机制，本书尝试运用新制度主义理论来解释畜产品质量声誉的形成机制，建立了畜产品质量声誉形成机制的理论模型，分析了畜产品市场的制度环境、市场组织程度对畜产品质量声誉形成的影响，分析了畜产品的质量合法性在畜产品市场的制度环境、市场组织程度与畜产品质量声誉间的中介作用，分析了畜产品质量符号分化在畜产品市场的制度环境、市场组织程度与畜产品质量声誉间的调节作用，分析了畜产品的质量声誉与质量信任的关系。在此基础上提出了相应的假设，并进行了实证检验。

二、未来研究方向

虽然本书存在一定的创新之处，但受研究时间、篇幅与能力所限，主要关注了畜产品市场的制度环境中的区域分割程度以及畜产品供应商和消费者的制度距离等两个因素。未来可进一步分析畜产品市场的制度环境的其他因素。此外，本书没有具体分析制度环境对质量合法性各个维度的影响机理，以及各个维度的质量合法性对质量声誉形成的具体影响机制。这理应是未来的研究方向之一。

第二章　我国畜产品质量安全的二元性分析

畜产品与畜产品市场有不同于其他商品与商品市场之处。对畜产品与畜产品市场的经济性质进行分析，是我们把握畜产品质量的影响因素的前提条件。为了深入剖析畜产品的质量声誉形成机理，本章将首先阐明畜产品以及畜产品市场的经济性质。在此基础上，对我国畜产品质量安全的二元性，畜产品质量安全的现状以及原因进行深入分析。

第一节
畜产品与畜产品市场的经济性质

一、 畜产品的特征

按消费者获得商品信息的途径，纳尔逊（1970）将商品分为搜寻品、经验品和信用品三类。搜寻品是指消费者在购买前可以通过检验获得商品质量信息的商品；经验品是指只有在购买后才能判断其品质的商品；信用品是指购买后也不能判断其品质的商品。

就畜产品来说，由于消费者在购买前难以通过检验获得畜产品质量的信息，畜产品显然不是搜寻品。对于明显的物理表象层面的质量问题，比如牛奶是否变质等，消费者可以凭借自己的直观感觉发现。但对于一些深层次的化学、物理质量问题，消费者即使在购买畜产品后，也难以低成本地完全、准确判断出来。这一点不同于易耗性产品以及家电等耐用消费品。这些商品，消费者能在使用过程中度量出产品的品质，而且这种度量的成本非常低。因此，畜产品不仅是经验型产品，而且由于消费者缺乏知识、能力、设备，在消费后也难以凭自己的力量来低成本界定产品的品质，需要借助专业机构来度量产品的品质。畜产品也在一定程度上具有信用品的特征。总的来看，按照纳尔逊的商品分类，畜产品应属于介于经验品和信用品之间的商品。

按照经济学对经验品的研究，消费者如果不能在购买前获得与畜产品质量相关的信息，难以判断畜产品的质量，就不会为高质量的畜产品支付更高的价格。市场由此缺乏激励生产者提供高质量产品的机制。Grossman（1981）对经验品的研究发现，通过建立企业声誉、消费者之间信息共享等方式，可以缓解消费者的购买顾虑。但是，如果畜产品供应商不能从其声誉投资行为中获得好处，它们就缺乏足够的动力向市场提供高质量的经验型商品。因而低劣商品会把高质量商品驱逐出市场。这就形成了所谓的“柠檬市场”。

综上分析可知，畜产品属于介于经验品和信用品之间的商品，消费者在消费前后都难以低成本地、完全、准确地判断畜产品的质量。

二、畜产品市场的特征

1. 信息不对称

在畜产品市场上，存在各种信息不对称问题。一般的消费者，很难知道畜产品生产商或销售商的实力。畜产品生产商或销售商掌握的畜产品质量的信息要比消费者多很多。因此，在畜产品市场上，消费者需要某种可以依赖的信号来帮助他们分辨不同畜产品供应商的产品质量，而畜产品供应商也需要某种信号来提供有关他们公司高质量产品的信息。质量信息的不对称性，使声誉的产生有了空间。

2. 产品质量度量成本高，质量需要制度的保障

在市场中，只有那些使买方所付价格（包括度量商品品质的成本）最小化的市场习惯做法才会被保存下来。但是，现实中，买方的度量成本和生产成本难以分开，在生产和消费中会不时出现度量成本。例如，厂商为产品标准化消耗了一些资源，这可以大幅降低营销中的度量成本。按巴泽尔（1982，1985）的分析，在欺诈动机被约束，市场已经建立信用的前提下，应该由使用很少资源便可以完成度量工作的地方进行度量商品质量的活动。

巴泽尔认为，各种市场规则和社会制度出现的原因在于他们能够限制欺诈和“搭便车”行为，而且由买方和卖方分别来看，这些规则和制度会驱使契约安排接近最近状况，而这些契约安排能够避免多余的度量活动，对买方提供较低的有效价格。畜产品的质量担保、退货保证等

就属于这类规则和制度。由于畜产品质量的度量成本较高，使畜产品的质量保证必须要建立完善的制度。

第二节 我国畜产品质量安全的二元性、形成与原因

在导论部分，我们已经提出了畜产品质量的二元性问题，下面我们将对畜产品质量安全的双重二元性，现状以及导致畜产品质量安全双重二元性的原因进行分析。

一、畜产品质量安全的双重二元性

畜产品质量安全不仅是一个客观质量的问题，而且是一个主观评价的过程。在中国，即使对于大品牌的畜产品供应商，消费者仍然缺乏信任，认为其质量是不安全的。因此，畜产品的质量安全有两个层面：一是产品实体层面的质量安全，即产品质量确实存在物理、化学层面的问题，会给消费者带来健康隐患；二是消费者心理层面的质量安全，即由于消费者对畜产品供应商缺乏信任而带来的质量不安全感知。这就是我们所谓的畜产品质量安全的第一重二元性。

从畜产品质量安全的评价主体来看，畜产品质量安全有官方评价的质量安全和民间评价的质量安全之分。目前，这两种质量安全也存在不一致之处。消费者等民间大众认为畜产品质量不高，但供应商认为畜产品的质量很高。这种供应商方和消费者方对畜产品质量存在不同看法的现象是畜产品质量安全的第二重二元性，具体如图 2-1 所示。

二、畜产品质量安全的形成机制

综合畜产品质量安全的实体——心理层面以及畜产品质量安全的评

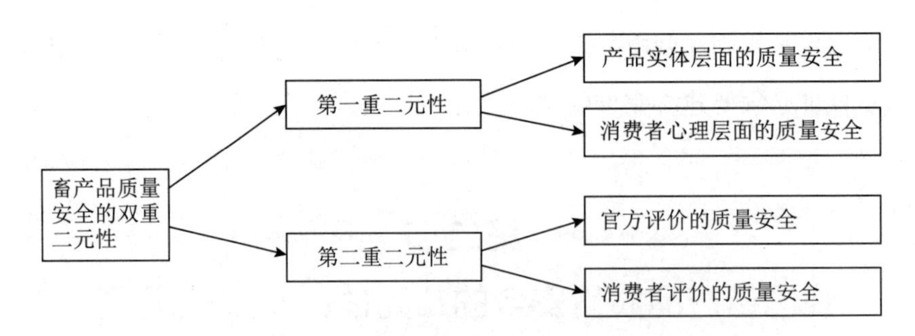

图 2-1 畜产品质量安全的双重二元性

价主体，畜产品质量安全的形成机制如图 2-2 所示。在生产经营过程中，畜产品供应商的经营管理行为会影响畜产品的质量。以猪肉生产为例，在生猪养殖的原料环节，要把好猪场环境卫生、饲料、水质和兽药等源头关，确保原料符合相关质量标准，并要加强对原料的检测监控，提高原料质量。在生猪养殖、运输、加工配送等生产过程中，要严格按照它们的各自规范操作。如要求良好的兽医规范（GVP）、良好的农业规范（GAP）、良好的生产规范（GMP）、良好的实验室规范（GLP）、良好的运输规范（GTP）、良好的药品供应规范（GSP）。在回收与处置环节，一旦生猪产业链的某一节点出现问题，畜产品供应商应立即切断向下游的流通处置，通过逆向物流，召回不良产品，最大限度地避免猪肉安全模型缺陷造成的潜在损失，严格执行卫生操作规范（SSOP）。

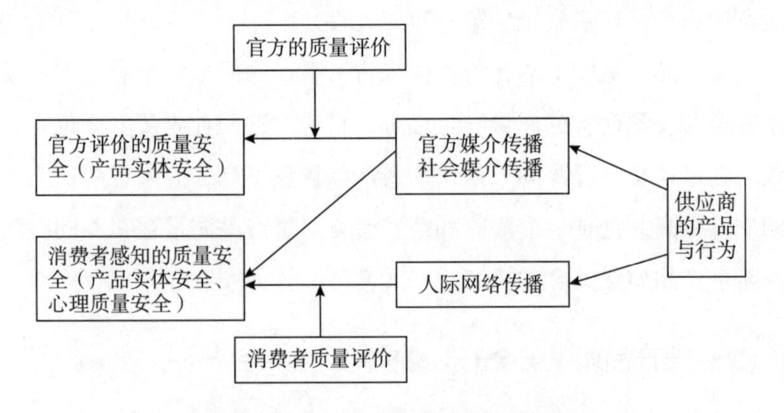

图 2-2 畜产品质量安全的形成机制

畜产品供应商在对外的营销传播与形象宣传活动过程中，一方面会努力借助各种官方媒介（如报纸、电视广告等）让政府知道自己的产品与经营管理行为是符合国家质量管理法律法规等制度（如 ISO14000 标准）的要求，从而试图获得官方评价的质量安全，这主要是一种实体层面的质量安全；另一方面会利用各种社会媒介（如网站等）让消费者等利益相关者感知到自己的产品与经营管理行为是符合消费者的利益的，从而试图获得消费者感知的质量安全，这包括了产品实体层面的安全和消费者心理层面的质量安全。

然而，消费者之间会通过亲人、朋友、同事等人际网络来传播关于供应商的产品与经营管理行为的信息，并受到所处人际网络规范的影响，形成对畜产品供应商产品质量安全性的判断，这就包括了产品实体层面的安全和消费者心理层面的质量安全。

三、 消费者感知的畜产品质量不安全的原因分析

对于我国畜产品而言，消费者感知到的畜产品质量不安全，来自两个层面：一是畜产品确实存在一定的安全隐患；二是消费者由于消费历史、信息不对称、避险心理等因素而产生的心理层面的不安全。

1. 畜产品实体质量不安全的原因

畜产品来源于动物，受各种污染的机会很多，其污染的方式、来源和途径是多方面的。我们可以从畜产品产业链的角度来分析。畜产品产业链是指与畜产品生产密切相关的具有上下游关系的所有功能环节组成的整个流程。以生猪为例，其产业链包括最初的饲料作物种植、饲料原料收购、饲料添加剂生产及饲料设备生产、饲料加工、兽药生产、饲料设备生产、种猪繁育及肥猪饲养、种猪及育肥猪疾病防治、相关检验检疫、屠宰设备生产、生猪屠宰加工、猪肉产品贮运、销售等环节（见图 2-3）。

（1）养殖环节影响畜产品质量安全的主要因素有以下几方面：

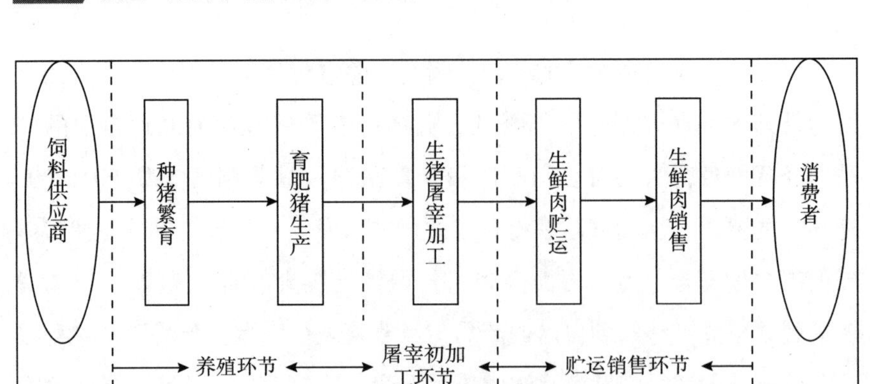

图 2-3　生猪产业链

第一，畜产品生产过程中畜禽饲养环境的污染，可造成畜产品的不安全。生产环境对畜产品的安全生产起决定性作用，工业“三废”（废水、废气、废渣）的不合理排放和农药、化肥的不合理使用都会造成畜产品的不安全，因为工业“三废”中的许多有害的化学物质如汞、砷、铅、铬等金属毒物，会直接污染水源、饲草、饲料。另外，农药、化肥的使用，会在植物性饲料中造成残留。这些有毒物质就会通过饲草、饲料和饮水等途径进入动物体内，并在动物体内大量蓄积，成为被污染的畜产品，严重危害人类健康和生命安全。

第二，饲料和饲料添加剂的不合理使用，会影响畜产品安全。一些饲料加工厂或畜禽养殖场受利益驱动，非法使用违禁药物，如催眠镇静剂、激素等，导致这些药物在畜产品中残留超标。相当一部分养殖场（户）不遵守药物添加剂的使用规范（如使用量、停药期、注意事项、配伍禁忌等），不按规定落实停药期，或过量添加微量元素，造成畜禽体内大量蓄积，或随粪便排出，危害人体健康和污染环境。另外，饲料霉变产生的毒素，通过饲料使畜禽致病，也会造成畜产品的不安全。以生猪为例，尽管我国生猪散养户退出市场的速度正逐年加快，但我国仍有70%以上的生猪是由散养户（包括中小规模）供应的，数量庞大的养殖户与相对较少的畜牧兽医人员导致生猪疫病防治能力低下和养殖户违规使用兽药。

第三，畜禽生产过程中，生产管理方法和生产者的质量安全意识都会影响畜产品的安全。畜产品生产者不严格按照标准组织生产和加工，不科学合理地使用化肥、农药、饲料、兽药等投入品，将造成畜产品中农药、兽药超标。如用药剂量、给药途径、用药部位等不符合用药规则，在休药期结束前屠宰畜禽，长期超标、滥用兽药，尤其是使用抗生素和激素作为饲料添加剂，可降低畜产品质量，危害人体健康。畜产品生产者的质量安全意识较差，使用违禁药品等造成畜产品安全隐患，或缺乏养殖知识长期使用配方不合理或不合格的饲料、饲料添加剂，导致动物体内某些元素超标导致畜产品不安全。

第四，动物生产过程中的药物残留也严重影响畜产品的安全生产。众所周知，农药和兽药的使用，可促进饲料作物和畜产品的生产，尤其是兽药在畜牧业中的应用非常广泛，它在促进动物生长、提高饲料利用率和改善畜产品品质方面的作用十分明显，已成为现代畜牧业不可或缺的物质基础。但是兽药的使用无疑会导致动物体内的药物残留和蓄积，并以残留的方式进入人体和生态环境，危害人体健康，污染生态环境。尤其是滥用兽药（如不遵守休药期）和非法使用违禁药物的现象依然存在，对人类和环境造成慢性、长期和累积的危害。

（2）屠宰加工环节影响畜产品质量安全的因素。

屠宰加工环节是畜产品供应链的第二个环节。屠宰加工的环境、生产组织也会影响畜产品质量的安全。以生猪为例，当前我国生猪屠宰行业实行定点屠宰制度，但规模以上（年屠宰量两万头以上）屠宰企业的比例仅为12.38%，82.52%的屠宰企业在乡镇，约75%的定点屠宰企业实行代宰制。乡镇屠宰企业存在产能不足、设备落后，加上竞争，导致屠宰环境卫生恶劣，缺乏检验检疫，易使养殖环节问题产品流入屠宰加工企业。猪肉加工企业与屠宰加工企业的特征一样，91.2%的猪肉加工企业为小型企业，中低档产品生产为主，存在违规收购病死猪肉及加工环境卫生条件差等问题。我国猪肉分销渠道众多，特别是生鲜猪肉，主要通过各分散的农贸市场肉类商户出售，存在违规收售问题产品和检测项目缺失导致问题产品“过关”的猪肉质量安全问题。

（3）流通环节影响畜产品质量安全的因素。

畜产品流通领域包括运输、贮存等环节。在流通环节，畜产品也容易产生第二次污染。主要的影响因素包括：

第一，被某种致病性微生物污染。这些微生物在适宜的条件下大量生长和繁殖并同时产生毒素，当人们食用含有大量活菌或毒素的食品，便引起细菌性的消化道感染或毒素被吸收人体内而造成急性中毒，造成畜产品的生物性污染。其中细菌、真菌、病毒是主要的污染源。

第二，为了保鲜，有些畜产品经营者使用化工制剂处理鲜活畜产品，如果所使用的试剂是有毒有害物质，如用病死的畜禽做熟食，向生肉中注水等，会造成畜产品的不安全。

第三，畜产品的储藏、运输、流通的方法和条件对畜产品安全的影响。畜产品从生产加工到达消费者手中，必然要使用各种运输工具运输。在运输过程中，常常由于违反操作要求而造成微生物、化学物污染，如运输车辆不清洁，在使用前未经彻底清洗和消毒而连续使用，严重污染新鲜食品等；或在运输途中，包装破损受到尘土和空气中微生物、化学的污染。在生产阶段，畜牧生产者必须控制兽药和其他化学投入物，认识到水、土壤、家畜和人可能成为潜在的微生物污染来源。零售设施、餐馆和其他食品销售者必须认识如何确保适当的卫生方法和温度控制。

2. 消费者感知的畜产品质量不安全的原因

消费者感知的畜产品质量不安全的原因是多方面的，主要包括：

（1）畜产品供应商的制度分离行为。制度理论认为，当存在组织变革的时候，组织经常通过象征性地采取合法行为而很少甚至从不付诸实践的方式，获取利益相关者的合法性认可（Meyer and Rowan，1977），在默认的外表下隐藏了其真实的不一致性（Oliver，1991）。这种行为即是制度理论中所谓的制度分离。在制度理论中，制度的分离（Institutional Decoupling）是指在象征性地采用正式的政策和实际的组织实践之间建立和保持缺口（Meyer and Rowan，1977）。很多研究表明了制度分离在现在企业中的盛行现象（Meyer and Rowan，1977；Tilscik，2010），比如，企业声称会“维持标准的、合法化的正式结构，然后他们的行为却因实际操作而变动”（Meyer and Rowan，1977）。Meyer 和 Rowan（1977）认为，分离使组织在获得外部合法性的同时，能保持内部的灵活性。在此基础上，Elsbach 和 Sutton（1992）提出，一旦外界披露组织对规则的违背，分离就可以为组织的发言人提供合理的借口和正当理由。

对于畜产品而言，畜产品供应商表面上的宣传非常注重产品质量，看重消费者利益。但在实际的经营中，其一方面通过游说、操纵等方式影响畜产品质量标准的制定，或者美化自己产品的质量，对一些与质量关系不大的经营行为进行大肆宣传；另一方面却谋求生产成本的最小化以及经济利益的最大化。短期来看，畜产品供应商的制度分离行为可能会让消费者信以为真，但长期来说，总会被媒体、大众等利益相关者披露和知晓。一旦如此，消费者就会在长时期内认为畜产品供应商的产品质量是不安全的。

（2）官方媒介与质量评价机构的夸大或选择性宣传。官方媒介与质量评价机构在宣传畜产品供应商的产品或经营管理行为时，有选择性地告知，让消费者反而更加怀疑官方媒介与质量评价机构的公正性、公平性，进而对畜产品的质量产生不信任感。

（3）中国社会信任文化的缺失。当前，中国社会处于一种缺乏信任的文化氛围中，人们怀疑社会制度的公开、公平、公正，对权威部门的言行持怀疑态度。对社会的善意行为，人们不信任，对社会的恶意行为，人们则认为是理所当然的。在这样一种文化氛围下，畜产品质量安全的任何信息都会影响消费者对畜产品质量安全的判断。Ollinger 和 Lobb（2007）等实证结果表明，消费者的畜产品质量安全认知依赖于外部信息。对不同信息源的信任，通过影响风险感知，进而影响态度，间接影响消费者的购买行为，尤其是发现对媒体以及独立机构等信息源的信任，显著降低了消费者购买不安全食品的可能性。

因此，在中国频繁发生食品安全事件的背景下，在当前这样一种文化氛围下，人们更愿意相信中国畜产品质量是不安全的。

本章小结

本章对畜产品和畜产品市场的经济性质进行了分析，指出畜产品是属于介于经验品和信用品之间的商品，消费者在消费前后都难以低成本地、完全地、准确地判断畜产品的质量；指出畜产品市场具有信息不对称、产品质量度量成本高等特征。

然后，本章揭示了畜产品质量安全的双重二元性，即产品实体层面的质量安全—消费者心理层面的质量安全、官方评价的质量安全—民间评价的质量安全。在此基础上，本章分析了畜产品质量安全的形成机制，揭示了消费者感知的畜产品质量不安全的原因。

第三章 畜产品市场的制度环境分析

新制度经济学认为人类的政治、经济或社会行为受到所处制度环境的影响。影响畜产品质量安全的群体都生存在这样一个稳定的社会关系和社会期待之中。我们可以把政治学家James Scott（1976）对农民社会的观点推而广之："农民诞生于社会和文化之中。这个社会和文化给予他道德价值的源泉、一组具体的社会关系、一种对他人行为的期待模式以及这一文化中其他人过去如何实现自我目标的认识。"因此，研究畜产品的质量安全，必须对畜产品供应商所处的制度环境进行分析。组织场域不但构成组织经营运作的空间，同时也是组织发生互动作用的直接制度环境（郭毅、於国强，2005）。因此，本章在揭示畜产品市场制度环境的分割现象基础上，重点分析畜产品供应商的组织场域环境，并对畜产品市场的质量保证制度进行深入分析。

第一节
畜产品市场的制度环境与组织场域

组织在与外界环境的时刻互动过程中，组织场域不但构成组织经营运作的空间，同时也是组织发生互动作用的直接制度环境。因此，在畜产品市场，组织场域不仅是畜产品供应商生产经营活动发生的重要制度环境，而且是各制度行为主体互动的重要制度环境。因此，下面我们在对畜产品市场的制度环境进行简要分析的基础上，重点探讨组织场域环境。

一、 畜产品市场的制度环境

制度环境指被现实社会所"广为接受"的社会和文化的价值与规范。制度环境的观点强调组织应遵守制度环境中存在的规则及规范。

制度与制度环境是两个不同的概念。"制度是一个社会的游戏规则，或者更正式地，是定义人类交往的人为的约束"（诺思，2014）[①]。不同的规则，有不同的实施机制。笔者根据 Elliclson 的研究将制度的类型总结如表 3-1 所示。

表 3-1 制度的类型

规则	实施机制	例子
传统（Convention）	自实施	语言
伦理（Ethics）	迫切的自我约束 （Imperative self Binding）	Being a Veterinarian

① 道格拉斯·C. 诺思．制度、制度变迁与经济绩效［M］. 杭行译．上海：上海人民出版社，2014.

续表

规则	实施机制	例子
规范（Norms）	社会实施	行为的社会 Codes
正式的私人规则（Formal Private Rules）	有组织的私人实施	组织内自己制定的规则
法律	有组织的国家实施	公司法

资料来源：Ellickson，1991.

制度环境是一系列基本的经济、政治、社会、文化及法律规则的集合，它是为生产、交换以及分配确定规则的基础（Davis and North，1971）。制度环境应该是一个多维度的概念（Multi-Faceted Concept）。许多学者对政治体系、法律体系、劳动力市场、文化等制度要素（通常称为“制度”）进行了研究，它们都是制度环境的一部分。

本书对制度环境的研究不是着眼于某一类制度，而是从制度的形成角度来分析。North（1990）基于其对制度的界定，将制度分为正式和非正式制度两大类。其中，非正式制度包括习俗和文化等，正式制度包括人类在政治、法律、经济等方面设计的一些规则和契约。Scott（1995）提出的制度分类方法认为制度由认知（Cognitive）、规范（Normative）和规制（Regulative）的结构和活动构成，能为社会行为提供稳定性和意义。具体而言，规制维度基于制定、监督和执行规则，是一种工具逻辑，法律制裁是合法性来源；规范维度规定了目标以及达到目标的恰当手段，合法性基于社会信仰和习俗；认知维度缘于社会成员共同的信仰，合法性基于文化正统性。与 North 一样，Scott 也认为制度包含正式和非正式两类。但与 North 不同的是，Scott 更强调非正式制度，进一步将非正式制度分为认知和规范两类。事实上，两者的差异反映了经济学中制度研究侧重正式制度，而社会学中制度研究更侧重非正式制度的研究传统。后续研究多基于 Scott 的分类开展实证研究（Busenitz et al.，2000；Xu et al.，2004；Gaur et al.，2007；Gaur and

Lu，2007），或在此基础上进行更加细致的区分。

我们采用 North 对制度的分类，将制度分为正式与非正式的制度。正式的制度如成文的规章制度，非正式的制度如社会观念、惯例、行为标准、习俗、道德等。非正式制度通常采取自发秩序的形式，是自主发生的，称为自主性制度。正式制度一般来说是经过精心设计的产物，如通过第三方的监督机制（司法体系、监管机构），或法律的制定，改变博弈规则，这种因博弈形式人为改变而引发的制度称为诱导性制度（青木昌彦，2001）。

畜产品市场的制度环境是由畜产品市场的正式制度（包括各类法律法规）以及非正式的社会观念制度、惯例、行为标准、习俗等要素构成。

二、 畜产品供应商的组织场域

新制度主义将组织场域（Organization Field）作为分析单位。由于任何经济行为与社会行为均受到其嵌入的社会关系网络的影响（Granovetter，1985）。组织场域可以被认为是由一系列受到相同制度影响的组织所构成的一个明确的组织范围，处于场域中的这些组织是有差异的、相互依赖的（DiMaggio and Powell，1983）。组织场域的形成是场域内组织通过协商、谈判、合作、竞争，构建场域制度生命，制定制度规制，定义场域边界，规范场域成员行为合法性的过程（DiMaggio and Powell，1983）。与社会网络分析方法类似，组织场域的分析突出了对二元关系和整体结构的分析。因此，组织场域作为联结组织层面和社会层面的一种关键性分析单位，可以更好地研究和理解组织、产业、社会以及共同体的变化过程。组织场域由关键供应商，资源和产品消费者，管制机构，以及生产相似服务或产品的其他组织组成，既包括了场域成员之间的关系层面，也包括成员之间的文化认知层面（DiMaggio and Powell，1983；Powell and DiMaggio，1991）。组织场域一般包括四个关键要素：行为者群体；所使用的技术；确立的各种规制、规范；表明行为者特征的各种惯习。作为一个基本分析单位，组织场域所具有的优势不在于对单个行为者的分析，而是对场域内所有相关行为者的分析。

下面我们就对畜产品供应商所处的组织场域进行重点分析。就畜产品供应商来说，其组织场域的要素主要包括：畜产品供需的相关行为者群体，畜产品供需的技术，畜产品管制的政策法规，以及相关行为者的各种惯习。在畜产品市场组织场域的所有构成要素中，我们主要关注行为者群体以及畜产品质量安全管理的政策法规。对畜产品质量进行评估的相关群体包括：消费者、行业协会、政府、质监部门、社会公众等。这些群体对畜产品质量的评估会影响到畜产品供应商的质量声誉形成。当然，这些行为者对畜产品供应商质量声誉的影响程度会存在差异。在研究制度环境对双边渠道关系影响的研究中，Grewal 和 Dharwadkar (2002) 将制度化过程分为三个阶段，即政府等监管机构的控制过程 (Processes of Regulating)、行业协会等规范性机构的验证过程 (Processes of Validating)，以及由共有文化所形成的认知上的习惯化过程 (Processes of Habitualizing)。因此，相对来说，行业协会、质检部门、政府属于影响畜产品供应商质量声誉的核心群体，它们在很大程度上决定了畜产品质量管制的法律、法规与标准，对正式制度、正式声誉体系的形成有更大的话语权，同时也会通过电视、网络等媒介来影响非正式声誉体系的形成。消费者则属于边缘群体，无论从信息拥有量还是质量评估影响力等方面都处于较为弱势的地位，他们只能对畜产品供应商质量的非正式声誉体系的形成产生部分影响。

目前，我国关于畜产品质量安全的法律法规体系已具雏形，先后颁布了《中华人民共和国国境卫生检疫法》(1986)、《中华人民共和国标准化法》(1988)、《中华人民共和国进出口商品检验法》(1989)、《中华人民共和国进出境动植物检疫法》(1991)、《中华人民共和国产品质量法》(1993)、《中华人民共和国食品安全法》(1993)、《中华人民共和国食品卫生法》(1995)、《中华人民共和国农产品质量安全法》

(2006)、《中华人民共和国禁止在饲料和动物饮用水中使用的药物品种目录》(农业部公告第176号)(2002)、《饲料及饲料添加剂管理条例》(2012)等。然而，2006年发布实施的《中华人民共和国农产品质量安全法》和1993年发布实施的《中华人民共和国食品安全法》的涵盖面都较广，没有针对畜产品本身所具有的特点对畜产品的质量安全做出具体的规定，因此，要完善畜产品质量安全法律法规，特别是有关畜产品质量安全标准方面的规定。

相比而言，美国对于畜产品安全的法律法规分类更为细致、具体，从而更有利于监管。美国食品安全的主要法令包括《联邦食品、药物、化妆品法》《联邦肉类检验法》《禽类产品检验法》《蛋类产品检验法》《食品质量保护法》《公众健康保护法》等，这些法律法规为食品安全制定了非常具体的标准以及监管程序。

第二节
畜产品市场制度环境的分割与场域的权力结构

处于同一制度环境中的行为主体，受行为主体的战略动机、资源、能力等内在因素的影响，其对制度环境的影响力、适应度、灵活性不一样，从而带来了制度环境的二元分割现象，造成了组织场域中的权力分布差异，形成了组织场域的权力结构。

一、畜产品市场制度环境的分割

制度环境有好坏之别。好的制度环境具有明显的制度可信性（即制度的可预测性更强）、环境可靠性（即明显地降低营商环境的不确定性）和规则公平性（即在交易规则和法律实施过程中更强调对所有利益主体的公平对待），这样的制度环境显然会极大地推动公平交易的开展以及在复杂经济活动中的合作，降低经济交易的成本和不确定性，提升和改进企业的生产效率、竞争能力及创新意识，使企业家更愿意承担风险并发挥企业家精神。反之，差的制度环境有效性偏低、可执行性也比较差，这会明显地增加监督成本及其他交易成本、限制交易规模和交易范围、迫使企业家追逐更多的政治关系和政治联结、进行更多的腐败交易、阻碍在生产和投资活动中企业家精神及创新意识的发扬光大（Anokhin and Schulze，2009；Zahra et al.，2000；Luo and. Junkunc，2008；Tonoyan et al.，2010）。

制度分割是指正式制度决定主体（主要是指政府）通过建立制度壁垒限制或约束经济主体的决策行为（李恒，2005）。当前，中国的制度环境被分割为多个小的制度环境。不同的行为主体所处的制度环境并不一样。从社会结构的视角来看，制度分割因为不同的行为主体拥有差异化的社会资源，占据着不同的社会位置，从而使其对制度环境的影响力、适应度、灵活度不一样，其实际所面临的制度环境也就不同。

在畜产品质量监管领域，一方面，制度分割是畜产品供给方通过建立操纵正式制度的制定与实施过程，从而操控质量管理，以合规合法的方式为公众提供低质量的产品。制度分割又可以区分为强制性的制度分割与诱致性的制度分割。强制性的制度分割是政府或其他主体通过建立制度壁垒限制相关经济主体的活动范围和活动空间。诱致性制度分割则是指政府或其他主体通过建立制度壁垒诱导或吸引制度作用对象在其活动范围内的决策行为。

另一方面，中国制度环境的分割特性使同处一组织场域的供应商与消费者，却面临着不同的制度规则。具体到畜产品市场，其制度环境存在二元分割的现象。所谓的二元分割即是指制度主体面临着两种不同的制度环境，占据社会中心地位的畜产品供应商等制度主体面临的制度环境不同于处于非中心地位的消费者面临的制度环境。就正式制度而言，畜产品供应商组成了行业协会，他们利用自己的社会地位、经济资源影响畜产品生产与流通的法律法规，而广大消费者对产品质量标准等体系缺乏话语权。此外，面对同一种正式制度，畜产品供应商的适应度、灵活度也要大于消费者。从非正式制度来看，社会的道德、社会规范等非正式制度对部分畜产品供应商起作用，但对部分畜产品供应商不起作用。其中原因在于一部分畜产品供应商抑制了自己的机会主义倾向，遵守制度，而另一部分则利用制度的漏洞进行投机。非正式制度的弱约束性，导致其对于部分畜产品供应商来说无法自我实施。

二、畜产品市场组织场域的权力结构

根据布迪厄（Pierre Bourdieu）的场域思想，场域是由一系列的客观历史关系构成的。场域内行为者的地位或位置之间的相互作用生成了这些关系。而每一种地位或位置上附着于某种权力或资本。为了获得核心的地位或位置，行动者在场域内形成的惯习的约束下，相互竞争、冲突。最终的结果是：一些行为者——一般是那些拥有优越的物质或符号性资源的那些行为者——比其他一些行为者占据了更有利的位置。在畜产品市场中，畜产品供应商所处的组织场域是一个权力关系的竞争舞台。权力基础说认为，权力来源于六种权力基础，即奖励权力、强制权力、法定权力、认同权力、专家权力和信息权力（Zhuang，2004）。其中法定权力的产生部分来自监管机构的支持。基于法律保证的强制性会影响到渠道成员双方关系中法定权力的分配。

在畜产品市场中，从对组织场域的发展来看，重要的权力应用领域包括：畜产品质量标准的制定权，畜产品质量安全的监督评价权和畜产品价格决定权。在这些权力应用领域，畜产品供应商、政府机构等主体运用各种权力来达到自己的目的。

1. 畜产品质量标准的制定权

畜产品质量标准是关于什么是高质量畜产品的制度。目前，我国已经基本建立了畜牧业标准管理体系基本建立。畜牧业标准管理部门为农业部畜牧业司，全国畜牧总站为技术支撑机构，全国畜牧业标准化技术委员会负责畜牧业标准的技术归口管理。同时，各省、自治区、直辖市农牧业主管部门也都设立了相应的质量标准管理机构，有些省成立了畜牧业标准化技术委员会。畜牧业标准管理逐步趋向规范化和科学化。应该说，我国畜产品质量标准的制定权主要掌握在全国畜牧业标准化技术委员会。

从全国畜牧业标准化技术委员会的构成来看，主任来自农业部，第一副主任和秘书长来自农业部。但畜产品供应商也在其中占据了不少重要位置，具有很强的影响。这一点可以从《全国畜牧业标准化技术委员会的换届及征集委员的通知》（见图 3-1）中看出端倪。该通知明确指出："本专业领域内技术力量强、重视标准化工作及标准化工作突出的有关企业单位可申请作为单位委员，可推荐一名符合以上要求的人员作为单位委员代表。"

2. 畜产品质量安全的监督评价权

目前，我国已经基本建立了畜产品安全的监督评价体系。从纵向来看，我国先后成立了农业农村部畜牧兽医局、出入境检疫检验局，构建了饲料监测体系及饲料质量监督信息网络，基本建立了国家、省、市、县四级畜产品质量安全监管体系。但是，不少省、市、县三级畜牧部门均以挂靠某一业务处（科）室来履行畜产品的监管职责，未设置专门机构综合协调畜产品质量安全监管工作，致使监管工作机构不顺，力度不大，管理不畅。从横向来看，目前我国对畜产品安全负有监管职责的部门有国家食品药品监管局、公安部、农业农村部、商务部、国家卫生健康委员会、国家市场监督管理总局、海关总署等部门，各个部门负责畜产品生产过程中的不同环节，形成分段、分部门多头管理体制。各部门都有法规政策，存在多头管理、条文笼统、系统性较差、职责不清、职能重叠、利益分配矛盾和监管职责衔接不好，甚至出现断链的现象，协调困难较大，难以与国际接轨。

各有关单位：

根据《全国专业标准化技术委员会管理规定》（国标委办〔2009〕3号）的有关要求，第一届全国畜牧业标准化技术委员会（SAC/TC 274）工作届满，开始筹备换届工作，现面向全国各有关单位公开征集第二届标委会委员人选。有关事项通知如下：

一、征集范围

TC274主要业务范围包括畜禽品种资源、育种、繁殖、生产，畜产品加工及品质检测，草原生态与管理、牧草育种与栽培、草产品生产及质量检测、畜牧兽医器械等相关领域。

二、委员条件

（一）个人委员

1. 从事相关领域研究、教育和生产、管理等方面的技术专家。

2. 具有一定的外语（英语）水平。

3. 热爱标准化事业，熟悉标准化工作。

4. 具有中级（含）以上技术职称，或者与中级以上专业技术职称相对应的职务的在职人员。

（二）单位委员

本专业领域内技术力量强、重视标准化工作及标准化工作突出的有关企业单位可申请作为单位委员，可推荐一名符合以上要求的人员作为单位委员代表。

三、工作程序及要求

（一）采取单位推荐或个人申请所在单位推荐的方式，由委员候选人填写《全国专业标准化技术委员会委员登记表》（见附件）。申请作为单位委员的企业还应再填写《全国专业标准化技术委员会单位委员信息表》（请向全国畜牧业标委会秘书处申领）。

（二）委员登记表由推荐单位领导审核、确保其真实性并签署意见、加盖单位公章。

（三）请于2013年12月15日前，将委员登记表纸质材料一式四份（申请作为单位委员的还需信息表纸质材料一式二份）、本人近期正面免冠二寸彩色照片5张、身份证正反面复印件1份，寄到畜牧业标委会秘书处（同时发送登记表Word电子文档）。

（四）畜牧业标委会秘书处将根据有关规定，对委员候选人进行综合评定，确定第二届全国畜牧业标准化技术委员会委员名单，报国家标准化管理委员会审核批准。

图 3-1　关于全国畜牧业标准化技术委员会换届及征集委员的通知

资料来源：国家标准化管理委员会，2013 年 11 月 15 日。

从检测机构的现状看，目前国家、省、市、县各级检测机构的检测能力基本能满足我国对畜产品质量安全监管的要求，同时，质检机构的内部管理得到加强，执法地位逐步确立。但是，我国的畜产品质量检测机构还普遍存在体系不健全、技术人员不足、检测手段薄弱和投入不足等问题，难以适应畜产品国内外贸易对质量安全检验检测工作的需要，影响畜产品质量安全水平的提高。相比而言，美国负责食品安全的监管机构设置标准更为明晰，监管机构体系更为简洁，从而更有利于监管的效率与效果。美国负责食品安全的主要监管机构有设置在卫生部（Hnited states Department of Health and Human Serviceg，HHS）下的食品与药品管理局（U. S. Food and Ding Admimistration，FDA）、设置在美国农业部（Urited States Department of Agricultvne，USDA）下的食品安全检验局（Food Safety and Inspection Service，FSIS）、动植物卫生检验局（Animal and Plant Health Inspection Service，APHIS）及美国国家环境保护局（Environmental Protection Agency，EPA）。FDA 主要负责除肉类和家禽产品外美国国内和进口的食品安全，制定畜产品中兽药残留最高限量法规和标准；FSIS 主要负责肉类和家禽食品安全，并被授权监督执行联邦食用动物产品安全法规；EPA 主要负责饮用水、新的杀虫剂及毒物、垃圾等方面的安全，制定农药、环境化学物的残留限量和有关法规。强有力的、科学的联邦和州法律是美国食品安全体系的基础，联邦、州和地方当局在食品安全方面，包括规定食品及其加工设施方面，发挥着相互补充、相互依靠的作用。

3. 畜产品价格决定权

在市场经济中，产品的价格是由市场供需决定的。对于畜产品市场而言，畜产品的生产组织方式由少数大型供应商，以及大量小规模养殖户构成。对于畜产品的流通商，大型供应商的议价能力较强，而小规模养殖户则属于价格接受者。从畜产品的需求方面来看，消费者往往属于价格接受者。部分畜产品，如牛奶，政府在调节价格方面存在一定的影响力。因此，总的来看，畜产品的价格决定权在很大程度上被大型供应商以及大型的流通商所掌握，而小规模养殖户和消费者在畜产品价格决定方面的话语权较弱。

综上分析，不难发现畜产品市场的权力差距较大。如表3-2所示为畜产品质量安全的权力运用情况。

表3-2　畜产品质量安全的权力运用

	权力分布	权力来源
畜产品质量标准的制定权	政府、大型供应商的权力较大，消费者的权力较小	政府运用强制权力和法定权力；大型供应商运用专家权力和信息权力
畜产品质量安全的监督评价权	政府、大型供应商的权力较大，消费者的权力较小	政府运用强制权力和法定权力；大型供应商运用专家权力和信息权力
畜产品价格决定权	大型供应商和流通商权力较大，消费者和小规模养殖户的权力较小	大型供应商和流通商运用专家权力和信息权力

第三节
畜产品市场的质量评价制度

前文在分析中国畜产品的质量时，我们已经指明了畜产品质量的双重二元性。其中一种二元性就是消费者和畜产品供应商对中国畜产品的质量安全水平存在截然不同的认知。也就是说，对于什么是高质量的产品，什么是中国背景下的高质量产品，处于社会中心地位的正式制度与社会观念制度的观点并不一样。下面我们就来具体分析畜产品市场的质量评价制度及其二元分割现象。

一、 畜产品市场的质量评价制度

畜产品市场的质量评价制度可分为正式制度和非正式制度两大类。对于质量评价正式制度来说，质量评价制度即是我们所谓的质量保证制度。而非正式制度则是消费者、社会公众评价畜产品质量的观念、文化、习俗等制度。

1. 畜产品的质量保证制度

按照哈耶克的自由秩序思想，正式制度是一种人为秩序，而非正式制度是一种自发秩序。其中，正式制度又可分为强制性制度和自愿性制度。以畜产品大国澳大利亚为例，强制性的畜产品生产质量保证制度是指通过国家或州议会立法强制实施的畜产品生产质量保证制度。在澳大利亚畜产品生产质量保证制度中，具有强制性的质量保证制度主要是国家销售者声明（NVD）制度。该制度是澳大利亚通过国家立法在畜产品生产中强制实施的质量保证制度。NVD 制度的实施几乎覆盖了畜产品的所有生产者。如果销售者的畜产品没有 NVD 记录，其畜产品在市场上几乎无法销售。自愿实施的畜产品消费者质量保证制度是指为了满足消费者对更高质量水平的畜产品的需求，由国家畜产品产业管理部门或组织协会制定和实施，畜产品供应者自愿参加的畜产品质量保证制度。在澳大利亚，自愿实施的畜产品消费者质量保证制度主要有：国家畜产品认证计划（NLIS）、牛羊特别质量保证计划（CC/FC）、畜产品生产质量保证计划（On Farm OA Schemes）、奶业质量保证（Dairy QA）、欧盟标准（European Good Agricultural Practices，EUREPGAP）、供应链联合质量保证等。这些自愿实施的畜产品生产质量保证制度，一般是为了满足市场对畜产品质量标准的更高要求，这些标准一般高于 NVD 的质量标准。

就畜产品的质量保证制度来说，中国还没有建立起一套有效的畜产品质量保证体系，同时，现有的畜产品质量保证制度没有明确的市场目标，制定的各种质量标准不能与国际标准完全接轨。

以畜产品质量安全的标准为例，畜产品质量安全和标准化生产是密不可分的。质量安全是目的，标准化生产是方法和手段，质量安全必须通过标准化生产来实现。近年来，国际国内出现了一些畜产品安全事件，都与畜产品安全生产方面存在质量标准缺位监管有关。畜牧业标准既是进行畜产品质量评定和质量体系认证的依据，也是进行安全食品生产活动的技术规范，还是维护生产者和消费者利益的法律依据。

2004 年，农业部组织制定了《2004—2010 年畜牧业国家标准和行业标准建设规划》，对标准制修订做了全面部署，全国标准化工作加快推进，我国畜牧业标准体系基本形成以国家标准为龙头、行业标准为主导、地方和企业标准为补充的四级标准结构。“十一五”期间，我国共发布畜牧业国家标准和行业标准 177 项，其中国家标准 94 项，行业标准 83 项。目前，现行有效的畜牧业国家标准和行业标准共 680 项，基本覆盖了畜牧业生产的各个环节，主要涉及品种、营养需要、饲养管理、畜产品质量与安全、畜产品加工等方面。

在我国已颁布的标准中，一些标准技术内容的科学性、先进性及可操作性较差。一是标准内容交叉重复严重，个别标准名称模糊。二是标准对产品质量的描述倾向于定性的文字描述，缺乏可操作性的量化指标，不便于依据标准对产品进行检验，容易出现主观偏差。三是有些标准得不到及时修订，内容陈旧，不能满足生产的实际需要。四是标准采标率低，与国际接轨不够。目前我国畜牧业国家标准的国际标准采标率只有 40%左右，远远落后于欧美国家的 80%，致使出现畜产品出口受阻的事件时有发生。

目前肉蛋奶等标准体系中，畜禽生产环境、畜产品储运、质量评定分类分级、质量安全生产等标准还较为缺乏，满足不了畜牧业发展的需要。尤其是特色畜牧业养殖标准的制定更为滞后，如鸵鸟、鹌鹑等特种动物的品种标准、饲养标准、质量安全标准等均有待制定和完善。

2. 畜产品质量评价的非正式制度

消费者、社会公众对我国畜产品的质量形成了一种认可度较广的社会观念制度、习惯乃至行为准则。总的来看，消费者、社会公众对朋友、亲人等人际关系网络的质量评价比较信任，但对于官方机构的质量评价持质疑态度。比如，对于各种官方质量评价机构给予的畜产品质量较高的评论，社会公众与消费者首先就抱有怀疑的态度。这已经形成了一种思维惯性乃至行为习惯。

二、畜产品质量评价制度的冲突

学术界分析正式制度和非正式制度之间关系的兴趣由来已久（如 Ellickson，1991；Greif，2006；Hechter and Opp，2001；Huang，1996；Nee and Ingram，1998；Nee and Swedberg，2005；North，2005；Posner，2000），且关注点不尽相同，如非正式规范如何为正式制度提供合法性基础（North，2005）；日常社会交换如何容纳正式法律的执行成本（Ellickson，1991）；社会网络怎样支持了非正式产权，并使其成为正式产权制度的替代（Nee，1992；Nee and Su，1996；Peng，2004）。但却很少有学者关注正式制度与非正式制度之间的冲突，如关注当正式制度与非正式制度发生对立的时候，会发生怎样的情形。

正式制度与非正式制度间的关系分类如表 3-3 所示。从行动的角度来看，制度约束分三类：鼓励，禁止，缺失、中性、模糊。将正式制度与非正式制度交叉分类可以形成如表 3-4 所示的九个单元格。如表 3-4 所示，这九个单元格可以归纳成五种情形。我们感兴趣的是正式制度与非正式制度之间的四种情形，即法理主义（正式制度主导，非正式制度缺失）、规范主义（正式制度缺失，非正式制度主导）、一致、冲突。第五种情形是无约束的自由行动，这种自由放任抑或是理想乌托邦，抑或是地狱。总之，视行动是否有外部性，并且这种外部性是正面的还是负面的而定。无论如何，这种情形不在制度分析之列。

表 3-3　正式制度与非正式制度之间的关系分类

		非正式制度		
		鼓励	禁止	缺失、中性、模糊
正式制度	鼓励	一致	冲突	法理主义
	禁止	冲突	一致	法理主义
	缺失、中性、模糊	规范主义	规范主义	自由主义

表 3-4 描绘了社会网络对应于正式和非正式制度之间的四种关系类型所起的不同作用。如表 3-4 所示，当正式法律缺失、中性或模糊时，非正式制度决定制度环境，社会网络成为执行制度的主角，其规范控制收益最高。当非正式制度缺失、中性或模糊时，正式法律决定制度环境，社会网络变得无关紧要，无规范控制作用，制度执行成本最高。当正式法律与非正式制度一致时，社会网络容纳、降低制度执行成本。当非正式制度与正式法律冲突时，社会网络软化正式法律的刚性，从而增加正式法律的执行成本。反过来，正式制度也抑制社会网络的规范能力。

表 3-4　执行机制、组织绩效、社会网络的规范控制收益

正式与非正式制度之间的关系	执行机制	社会网络的影响	组织绩效
规范主义	社会网络维系规范	最强	中等
法理主义	国家机器维护法制	最弱	高
一致	社会网络容纳法制的执行成本	较强	最高
冲突	社会网络增加法制的执行成本	较弱	低

在四种制度安排中，第四种是效率最低的制度安排，因为正式制度不受欢迎，执行成本高昂。如 Nee 和 Ingram（1998）所言："当组织领导和正式规范被认为与子群中的行动者的利益不一致时，对抗正式规则的非正式规范就会出现，'弯曲正式组织规则的铁杠'。"遗憾的是，当前，我国畜产品市场的制度安排就存在正式制度与非正式制度的巨大冲突。

持进化博弈论的经济学家认为制度是自发的秩序（Menger，1983；

Hayek，1973）或自组织系统。青木昌彦认为制度是作为共有信念和均衡概要表征的制度。一种均衡状态的显著特征可能客观化，凝结为一种制度。因此，制度可能表现为明确的、条文化的以及符号的形式，如成文法、协议等。不过，重要的是，一种具体表现形式只有当参与人相信它时才能成为制度。也就是说，成文法和政府规制如果没有人把它们当回事就不构成制度。另外，一些没有正式化的实践只要参与人认为它们是场域内在状态的相关表征，就可以看作制度，而当参与人对它们的信念动摇了，它们就不再作为制度存在了。

当前，畜产品市场的消费者已经对畜产品质量保证的正式制度失去了信心，因此，这些法律法规已经不能称为制度了。非正式制度成为消费者的共同信念和均衡概要表征的制度。

三、畜产品质量保证制度的形成

制度形成的嵌合体系应该包括制度的行动者体系、社会子系统体系以及环境体系，从而达到整体性制度构建的目的（胡仕勇，2013）。对于制度的起源问题，学术界存在两种观点，即制度的建构观和演化观。制度的建构观认为，人能够达到全知状态，人类可以凭借自己的设想，运用自己的理性能力，创造各种制度来满足自己的欲望与要求。制度建构观发端于培根、霍布斯、笛卡尔，经卢梭、黑格尔和马克思等的理论。总之，制度建构观认为制度是人们理性设计的结果。制度的演化观则认为，制度的形成是渐进的演化过程。制度演化观起源于休谟、斯密，后被奥地利学派的自生自发秩序思想扩展了经济学制度演化分析的主题。按照哈耶克（2000）的观点，社会经济制度是所有经济主体互动演化的结果，而不是由人类理性设计出来的。

一般而言，秩序中的规则有自发形成的内在规则与设计的外部规则。两派都关注规则的形成，但是二者侧重点不同。制度构建论强调外部规则的可设计性，而忽视了内在规则的形成是基于个体自由竞争、学习、模仿并不断修改，打补丁的结果，因而对外在规则只有在自由竞争中转化为个体指导其实践的具体知识才有效。

基于以上分析，我们认为，畜产品质量保证的制度（主要是正式制度）主要是建构的，而畜产品质量评价的社会观念制度更主要是演化而成的。畜产品质量保证的正式制度是“在一个更大的权力和社会结构场域中发生的”（Starr，1982）。我们认为，有三个权力中心在畜产品质量保证的正式制度形成中发挥了决定性的影响：一是政府机构；二是大型畜产品公司；三是行业协会。

从政府机构来看，政府对经济的过度干预是转轨经济环境下我国面临的最主要的制度环境之一，其主要表现就是政府仍然掌握着大量要素资源的控制权与支配权。政府机构在畜产品质量保证制度的形成中起着指导作用。

在畜产品质量保证制度的形成中，畜产品公司起着主导作用。正是由于大型畜产品公司在畜产品质量保证制度形成中的主导作用，使得在畜产品质量保证正式制度的形成中，效率机制起到了关键作用。也就是说，畜产品质量保证的正式制度建立的基础是功利性，没有建立在超越个人利益的基础上，这是为什么目前的畜产品质量保证制度缺乏合法性的根本原因。

在对畜产品质量保证制度施加影响的过程中，畜产品公司一方面要借用象征性词语来掩盖私利动机，另一方面又通过公共场合的讨论将这些理念渗透到公众话语中。这是一个互动的过程。畜产品公司通过利用大众认可的共享观念来达到自己的目的，为它们的功利性目标获得合法性的舆论“外衣”，这一过程同时强化了人们共享的观念基础。同时，畜产品公司也发挥主观能动性（Agency），试图去影响、改造、塑造公众的共享观念。比如，在面对社会大众质疑中国牛奶的质量标准低于国际标准时，中国的牛奶生产商以中国国情作为托词。一些专家和学者也以制定质量标准要有利于扶持中国乳品企业的发展等话语来为中国乳品的低水平标准披上合法性的外衣，试图利用人们的爱国观念、国情观念来影响人们对畜产品质量的看法。

上述思路如图 3-2 所示。因此，制度一方面强化过去的意识，另一方面它本身也受到制度行为者（Actor）的影响，处于不断演进的过程。

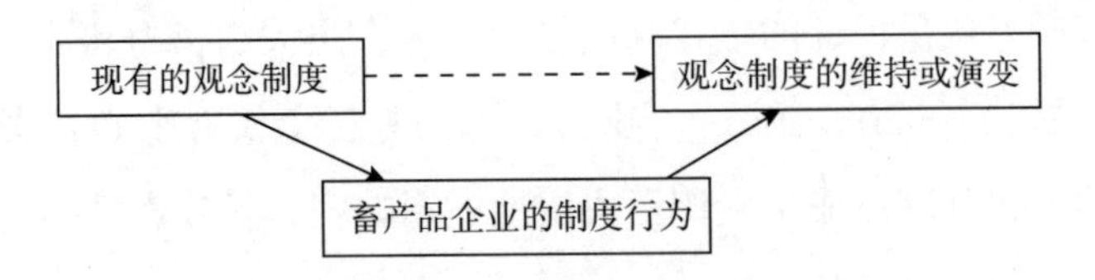

图 3-2　畜产品市场的观念制度变化

在畜产品市场的非正式制度中，文化观念是一种重要内容，并且，有时候这些文化观念不以人的意志为转移，而形成一种被神话的东西，使大家不得不接受。迈耶（John Meyer）把这一现象称为理性神话（Rationalized Myth）。在畜产品市场，社会公众对供应商提供劣质产品的做法是深恶痛绝的，认为这违背了伦理道德，应该受到谴责。在很大程度上，社会公众是秉承了这一观念：商业利益的获取要不违反人伦道德的底线。那么，社会是如何将这一观念自然化或超自然化，成为大家普遍接受的社会事实的呢？道格拉斯认为，观念、制度稳定性的根源在于要将社会范畴的分类机制自然化，成为一种很自然的东西。

制度主义曾提出了多种制度机制，如合法性（Legitimacy）机制、强制性（Imposition）机制、诱导性（Inducements）机制、认可性（Authorization）机制、习得性（Acquisition）机制、印刻性（Imprinting）机制与省略性（Bypassing）机制。在畜产品市场非正式制度的形成过程中，合法性机制起到了关键作用。合法性机制是那些诱使或迫使组织采纳具有合法性的组织结构或行为的制度力量。

四、畜产品市场的符号资源的分布情况

符号资源是指与塑造文化观念、社会意识有关的社会设施，例如教

育设施、知识分子、文化设施、媒体等。符号资源会影响人们的认知，界定群体的边界，塑造评估标准。一个领域中的组织程度在很大程度上决定了对符号资源的控制，当然，一个领域中的符号资源控制情况也会影响其组织程度。符号资源与权力的分配过程有所不同。权力资源的分配与正式制度有密切关系，而符号资源的分配建立在合法性基础上。

在互联网出现之前，消费者获得符号资源的成本较高，消费者获得符号资源的方式与渠道也较为有限。一般的消费者主要通过报纸、电视、社会网络等媒介获得符号资源。畜产品供应商占据了大量的符号资源，畜产品市场的符号资源分化程度非常大。然而，随着互联网的出现与兴起，BBS、微博、微信等新媒体出现，使消费者更容易以较低的成本获得符号资源。这就缩小了畜产品供应商与消费者之间掌握的符号资源差距。

本章小结

本章主要对畜产品市场的制度环境进行分析。在分析中国制度环境特征的基础上，揭示了畜产品市场制度环境的二元分割现象。考虑到组织场域是畜产品市场各主体间互动的直接制度环境，本章重点分析了畜产品市场的组织场域环境。然后，本章对我国畜产品市场的质量评价制度的构成，质量评价制度的形成，质量评价制度的分化，以及符号资源的分布情况进行了深入分析。

第四章　畜产品的质量声誉与质量合法性

畜产品质量安全的二元性使畜产品供应商必须注重质量声誉的建设，而畜产品供应商所处场域的社会距离和畜产品市场质量信息的不完备性，使声誉的产生有了空间。一旦畜产品供应商形成了良好的声誉，将有利于缓解消费者对畜产品质量不安全的心理担忧，在很大程度上改善消费者对我国畜产品的质量不安全感。下面本章将引入经济学中的声誉理论，并从组织社会学中的新制度主义角度进行切入，对畜产品市场的声誉现象进行分析，提出畜产品市场的质量声誉等级体系，揭示畜产品市场质量声誉的二元性，为下文建立理论模型奠定基础。

、

第一节
声誉与畜产品市场的声誉现象

声誉（Reputation），亦被一些学者称作信誉，在经济学和管理学中迄今尚没有一个统一的定义，不同的理论学派分别从不同的角度对其概念的内涵与外延予以了阐释。本书的分析基于声誉信息理论对声誉所作的定义，即声誉是反映行为主体言行历史记录与特征（效用函数）的信息，进而影响到博弈一方对另一方所属类型（Type）的信念，即通常所说的 KMRW 模型。声誉在各个利益相关者之间的交换、传播，形成声誉信息流（Reputation Flow）、声誉信息系统（Reputation System）以及声誉信息网络（Reputation Network），增加了交易的透明度，降低了交易成本。

一、 经济学和社会学对声誉机制的解释

在信息不对称、逆向选择、道德风险和不完全合同这一系列问题面前，市场和价格的机制无法正常运行，因此必须建立其他机制，而其他机制有效发挥作用的关键是信息以及获取信息的代价。交易成本理论提出，信息不对称导致了合同的不完备性，从而引发了“要挟”问题。在这种情况下，声誉就成为解决信息问题的重要手段。声誉作为个人或企业过去行为的一种反映，能够为与其交往的组织或个人提供重要信息，从而保障了未来双方合作的可能性。因此，声誉是解决信息不完备和不对称的一个重要机制。经济学家把声誉看作是一种资本“商品”，对其投资可以在未来得到回报。正是对回报的预期导致了人们对声誉的投资与维系。

经济学对声誉的研究思路基于三个前提。第一，声誉建立需要声誉的投资者能够知晓声誉投资的回报。在畜产品市场中，声誉投资的行为常常产生在信息匮乏的情形中，也就是说，人们无法确切知道声誉投资的回报的可能性。第二，声誉的保持需要稳定的行为和稳定的组织结构，这意味着组织对变幻多端的环境的适应有约束。如果外界环境面临着较大的不确定性，组织维持声誉的行为将会面临其他风险。第三，声誉的建立需要社会基础，而不仅仅是一种成本收益考虑。

组织社会学中的新制度主义认为，声誉是社会承认逻辑的产物。如果行为、产品或制度是在理性自然的基础上得到承认，它们的合法性越强，它们就越容易得到社会承认，就越有可能得到更高的声誉。一个社会空间越接近社会中心制度，其存在就越具有合法性和合理性。合法性（Legitimacy）和合乎情理（Appropriateness）是导致社会承认、敬意和声誉的基本因果机制，而具体的影响方式是社会中心制度和社会组织对理性与自然的塑造与控制。这一过程的微观基础是：个人或组织追求合法性和合乎情理以便得到社会的认可，这些行为是声誉制度观念的微观动力，也导致了社会中心制度对权势者的反制约。

总之，新制度主义认为组织获得合法性是声誉产生的前提。合法性原是社会学和政治学的概念，有广义和狭义之分。广义的合法性概念被用于讨论社会的秩序、规范（韦伯，1998；Rhoads，1991），或规范系统（哈贝马斯，1989）。狭义的合法性概念被用于理解国家的统治类型（韦伯，1987），或政治秩序（哈贝马斯，1989）。20 世纪 70 年代末、80 年代初，随着新制度主义学在组织研究中的广泛应用，社会制度影响组织而产生的组织合法性问题，开始得到深入研究，并与偏重于管理角度的组织合法性策略，成为这一分析框架的两大支柱，出现交叉融合的发展趋势。新制度主义学者对组织研究的一个最重要贡献，就是拓展了“组织环境”概念。他们提出，组织是技术环境和制度环境共同塑造的结果。与技术环境强调效率理性不同，制度环境更强调认知理性

（郭毅，2006）。技术环境与制度环境在很多时候是同时存在的。技术环境和制度环境都可以分为强、弱两个维度，因此现实中存在四种组合的组织环境。组织受到制度环境影响的一个重要机制，就是合法性机制（田凯，2004）。组织的生存依赖于合法性，因为得到组织合法性，可以帮助组织获得生存所需资源。这些资源包括高素质的员工、政府许可、基金、消费者认可、媒体评价和良好的声誉等。组织合法性获取过程，是组织寻求社会群体认可，或避免被拒绝的过程（Kaplan and Ruland，1991）。从组织视角来看，组织合法性是组织从其文化环境中提取的一种运营资源，组织可用来实现经营目标（Suchman，1995）。组织拥有的组织合法性资源是一种动态资源，它会因为组织的行为、事件的影响而增加或减少。

本书采用 Suchman（1995）对于组织合法性的定义，即“合法性是指在一个由社会建构的规范、价值、信仰或定义的体制中，一个实体的行为被认为是可取的、恰当的、合适的一般性的感知和假定”。她认为，管理者应通过与组织的社会环境保持经常和密集的互动来建立合法性存储（Reservoir）。组织合法性可以帮助企业获得生存和发展所需要资源，包括政府许可、消费者认可、高素质员工等。

二、 畜产品质量声誉产生的基础与特点

1. 畜产品质量声誉产生的基础

Grossman（1981）就提出，在信息不对称的情况下，不需要政府来解决食品市场的质量安全，因为通过市场声誉机制可形成高质量高价格的市场均衡。我们认为，畜产品市场的差异性是畜产品质量声誉得以产生的重要基础。畜产品市场的差异主要表现在两个方面。第一，不同畜产品供应商提供的畜产品存在质量差异。以鸡蛋为例，现在市场上有土鸡蛋、草鸡蛋、乌鸡蛋、饲料鸡蛋等品种之分。第二，畜产品供应商之间存在社会责任感的差异或利益动机差异。部分畜产品供应商的社会责

任感较强，将社会责任视为比经济利益更为重要。当然，也有部分畜产品供应商的社会责任意识淡薄，宁愿牺牲社会责任，获得经济利益。总而言之，畜产品市场的这些差异是畜产品市场能够建立质量声誉的实体基础。

对于畜产品市场的消费者而言，随着生活水平和教育程度的逐渐提高，大部分消费者都认为，畜产品市场的这些差异是客观存在的。不少消费者也愿意为这些差异支付溢价。这是畜产品市场能够建立质量声誉的价值基础。

2. 畜产品质量声誉的特点

下面将主要对畜产品质量声誉的分布、稳定性以及畜产品市场的二元声誉和声誉背离问题进行探讨。

（1）畜产品市场的声誉分布与稳定性。声誉的评价依赖于等级制度，如某一特定产品构成要素的等级。当前，畜产品市场缺乏一个广为接受的中心等级制度，对于什么是高质量的产品或供应商，没有统一的标准。不同的畜产品有不同的质量评判标准，形成多元中心的格局。从声誉等级结构的稳定性来看，畜产品市场的声誉等级结构比较稳定。

（2）畜产品市场的二元声誉以及声誉背离。在畜产品市场，官方机构对畜产品整个市场或各个畜产品供应商有一个声誉评价，而社会公众也有一个声誉，这就是畜产品市场的二元声誉。当前，消费者认为畜产品的质量声誉不佳，但行业协会、生产厂商认为畜产品的质量声誉很好，从而出现了畜产品市场的声誉背离现象。

第二节 畜产品市场的质量声誉评价制度与评价机理

在畜产品供应商所处的场域中，政府、行业协会、消费者等行为者都会有一个质量声誉等级体系。在这一体系中，他们将主要的畜产品供应商排序，如某些企业属于第一梯队，声誉很好；而某些属于第二梯队，质量一般；等等。下面我们就来分析畜产品市场的质量声誉评价制度与评价机理。

一、畜产品市场的质量声誉评价制度

当前，我国的畜产品市场缺乏一个稳定、统一、广泛知晓的声誉等级制度。当前的畜产品声誉等级制度是一个层级不全的制度。等级制度最高层是少数几家知名企业，中间层次缺少，底层是数量众多的生产商和销售商。也就是说，大家对这一声誉等级制度是缺乏共同认知的，大家并不认可这一声誉等级制度。波多尼认为，在一个社会或行业中常常有大家所公认的稳定的社会等级制度，不同的公司通过与高地位的公司建立关系来发出信号表明自己产品的质量。由于一个公司致力于高质量产品的行为常常是无法直接观察到的，这些与其他高地位公司相关联的做法间接地发出了有关产品质量的信号。

在畜产品市场，对质量声誉进行评价的制度有两种：一种是正式制度——官方的社会中心制度；另一种是与之竞争的非正式制度——民间的社会观念制度。社会中心制度是官方推动形成的，它们会对畜产品供应商的产品质量与信誉进行评价，给予等级，如国家驰名商标等。社会观念制度在社会公众中形成，并发挥对畜产品的质量进行评价的功能。畜产品质量声誉制度的建构机制如图 4-1 所示。

图 4-1 的左侧是官方的社会等级制度，社会中心制度控制着不同领域、不同群体通往自然与理性的途径。在这一基础上，不同领域或群体根据它们接近社会中心制度和自然与理性的距离而构成了一个声誉的等级制度。在图的右侧，社会群体间的竞争和冲突会导致与官方社会中心制度相竞争的社会观念制度。这些观念制度提供了声誉的不同基础，导致了不同的声誉等级制度。

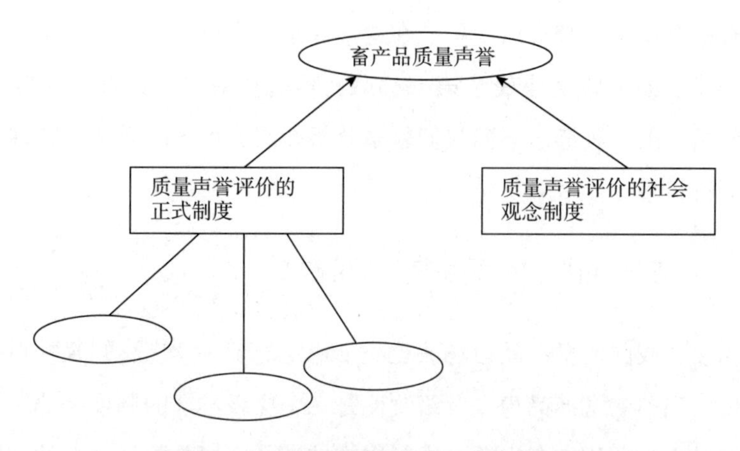

图 4-1　畜产品质量声誉制度的建构机制

两种制度体系决定声誉的排序。当前，社会的正式质量评价中心制度被畜产品供应商所掌控，它们形成一个声誉等级排序。社会观念制度会形成另一个质量评价标准体系，并建立它们自己的声誉等级排序。显然，公众对社会的正式质量评价中心制度的认可度，会影响统一声誉市场的形成。

由于质量评价正式制度没有发挥作用，人们通过信息网络、人际网络等方式进行学习，获得专业的畜产品质量评价知识，并通过以上媒介进行传播，建立一种质量评价的社会非正式制度，建立民间的声誉等级排序市场。我们认为，人们的专业性越强，越容易建立一种统一的非正式社会观念制度，形成一种新的民间声誉市场。社会网络的密度越大，越容易形成社会观念制度。

二、畜产品市场的二元质量声誉产生机制

在分析畜产品质量声誉评价的制度后，我们分析畜产品质量声誉的产生机制。正如前文提出的，当前，畜产品市场供应商的质量声誉有两种类型：一是官方声誉；二是民间声誉。这两种声誉的形成机制是不一样的。简单来说，官方声誉是基于效率机制以及规制合法形成的声誉，

而民间声誉是基于规范合法形成的声誉。

具体来看，官方机构会根据国内的质量评价制度来评价畜产品供应商的产品或行为，从而对其赋予国家驰名商标、地区知名品牌等称号，推动官方声誉的产生。由于国内的质量评价制度是在扶持我国畜牧业发展的基础上制定的，因此，是一种基于经济动因的效率机制在发挥作用。官方机构要求畜产品供应商遵循这些质量评价制度，获得规制合法性，从而获得声誉。

另外，消费者会将畜产品供应商的产品与经营管理行为与社会的事实、准则进行比较。尤其是在国际经济、社会一体化趋势日益增强的今天，我国越来越多的消费者已经将国际的畜产品质量标准作为衡量国内畜产品供应商的产品质量与行为的依据。消费者接受的社会事实是畜牧业的发展不是产品质量标准低的理由，人们的健康比畜牧业的发展更为重要。因此，这是一种基于规范合法形成的质量声誉。畜产品质量声誉的产生机制如图 4-2 所示。

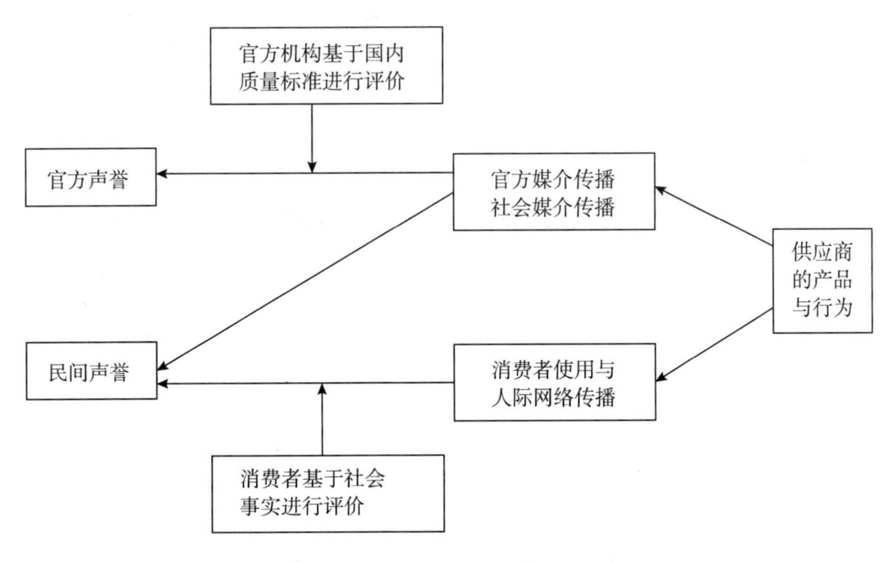

图 4-2　畜产品质量声誉的形成机制

三、畜产品市场的二元质量声誉形成的原因

通过对畜产品市场质量声誉的分析发现，畜产品监管机构认为的我国畜产品质量声誉与社会公众认为的我国畜产品的质量声誉存在偏差，存在二元声誉现象。

本书认为，畜产品市场二元质量声誉形成的主要原因是畜产品供应商与消费者之间的制度距离。畜产品供应商凭借其强大的资源与话语权使其对制度环境有更大的影响力、适应性和灵活性，它们距离社会中心制度更近，而消费者则被中心制度所边缘化。这也就是前文所分析的市场的制度分割。在畜产品这种经验品和信任品市场，畜产品供应商的制度分割行为更容易实现。畜产品供应商主要通过游说法律法规的建立、操纵行业协会、影响社会舆论与大众观念等方式来实现制度的分割行为。制度的分割使社会公众离中心制度的距离较远，对社会中心制度产生了怀疑、不认可，由此形成了社会观念制度与社会中心制度之间的偏差，最终导致了畜产品质量声誉的二元性现象。

第三节
畜产品供应商的质量合法性与质量声誉的关系

本章第二节我们已经提出了质量合法性与质量声誉的关系，下面我们更进一步地详细剖析畜产品供应商的质量合法与质量声誉的互动机制。

一、畜产品供应商的质量合法性维度

学者们对组织合法性的维度有着不同的看法，典型的观点有以下三种：

一是 Suchman（1995）的三维观。Suchman 将合法性分为实用合法

性（Pragmatic Legitimacy）、道德合法性（Moral Legitimacy）和认知合法性（Cognitive Legitimacy）三种类型。实用合法性是基于组织的自利性，由于组织行为会影响到外界相关方的福利，他们会监督企业的行为以确定产生的实际后果。因此实用合法性会演变成交易合法性（Exchange Legitimacy），即基于企业政策的预期价值而产生对该政策的支持。当企业为社会提供了经批准的、符合某一特定需求的服务或产品时（如低成本但高质量的产品），企业就被赋予“实用合法”。道德合法性反映了对组织及其行为的积极规范评价，与实用合法不同的是，道德合法具有社会取向——它不是依赖于某一行为是否会对评价者有益，而是根据该行为是否“正确”来判断。这种判断通常反映了该行为是否有利于社会福利的信仰。当然这种利他性并不必然代表完全利益追求，组织会提出有利于自身的道德特征，并以象征式的姿态进行宣传。当组织不是以实用合法性中的交易，而是以规范性行为做了被社会认为“正确的事情”时，组织就被授以“道德合法”（Suchman，1995）。在这个意义上，社会愿意为更大收益放弃货币性价值。例如在可持续消费理念下，消费者越来越考虑个人消费的公共后果，并且试图运用购买权力引导社会规范。当他们决定购买商品时，不仅仅是考虑商品的本身，而且要关心商品的生产过程、使用过程和使用后的处置；甚至这些消费者还愿意为责任性的产品付出更高的价钱。例如，星巴克公司按照公平贸易的原则从咖啡种植者手中采购咖啡豆，并建立起长期合作关系。同时，该公司还对咖啡产地的社会和社区项目进行投资，对环境进行治理。为了采购经过认证的公平贸易咖啡，其支付给咖啡种植者的价格往往会高于市场上咖啡的价格（殷格非，2006）。认知合法性是指一旦组织如此深地确立了在社会结构中的地位，以至于它们的出现被认为理所当然，反之则被视为不合情理时，最终就能够得到认知合法性（Suchman，1995）。获得认知合法性的组织能够为社会成员的行为提供指导从而减少不确定性，像学校、教堂甚至微软公司这样的组织提供了这种确定性。制度理论认为，组织一直不断地处于主动或被动地为获取三种合法性中的某些或全部的过程中，以确保其生存（Oliver，1991）。

二是 Scott（1995）提出的三维观。他把组织合法性分为三个维度：规制合法性（Regulative Legitimacy）、规范合法性（Normative Legitimacy）和文化—认知合法性（Cultural-cognitive Legitimacy）。规制合法性来自法律法规的一致，这些法律法规是迫使环境成员遵守法律规范的制度。规范合法性来自规范或价值观的一致，这些规范或价值观是期望环境成员遵守社会责任的制度。文化—认知合法性来自"理所当然"或共同理解，这是要求环境成员追随的制度。

三是 Aldrich 和 Fiol（1994）的二维观。Aldrich 和 Fiol 将合法性划分为社会政治合法性和认知合法性两类。社会政治合法性指的是主要的利益相关者、政府和一般公众在既存的社会规范和制度框架下对创业活动的接受程度，往往表现为某些行业自身规范或政府对某些新兴行业的管制。例如，产业技术标准和主导设计实质上就构成了产业发展的一种规范性制度（Normative Institution），正是这种规范引导和约束了新企业的产业进入和创新行为，无论是一种技术创新还是一种商业模式创新都必须符合这种产业标准和主导设计（强制性的或行业公认的）的约束，或者就要去形成一种新的规范去替代现有的规范（Tushman and Anderson，1986）。认知合法性主要指对于新事业相关知识的普及程度，它代表了对特定社会活动的边界和存在合理性的共同感知（Shared Perception）。当针对某种既有技术、产品或组织形式的知识越是被普遍接受并被认为是"理所当然"（Take for Granted）时，其认知合法性表现得越强，就越是难以被改变或提到（张玉利、杜国臣，2007）。

对以上三种组织合法性维度划分的观点进行分析不难发现：①三种观点都认为认知合法性是反映组织合法性的重要维度。②Suchman 提出的道德合法性与 Scott 提出的规范合法性都属于非正式制度——观念、规范层面的合法，两者的内涵实际上是一样。虽然有部分学者认为可以把规范合法性和认知合法性合二为一，如 Scott（1995）认为非正式制度由认知和规范两个维度组成，同时指出认知和规范两个维度很接近。由于认知和规范难以在实证测量中区分，后续研究一般将这两个维度合并为一个维度进行测量（Xu et al.，2004；Gaur and Lu，2007）。Bae 和 Salomon 在回顾相关研究之后亦指出认知和规范维度非常接近且难以区分，可以合并为一个维度。同时，由于认知和规范与文化有较大重叠，因此 Bae 和 Salomon 建议用文化来测量地区的非正式制度。用文化来测量非正式制度的理论根据是认知和规范在很大程度上是文化的延伸和具体表现形式。但是，我们认为，规范合法性是社会公众基于非正式的规范对制度行为主体做出是否认可、承认的判断。认知合法性是社会公众基于一种更为内隐、主观的价值观来对制度行为主体是否认可、承认的认知。相对规范合法性来说，认知合法性更为内隐、强烈。对于畜产品的质量合法性来说，规制合法性应是一个重要的维度。这是因为，畜产品的质量要得到社会公众的认可，首要的前提就是符合监管机构制定的各种质量法律法规。加上规范合法性和认知合法性，共同构成了畜产品质量合法性的三个维度。

二、畜产品供应商的质量合法性与质量声誉的关系

前文我们提出了畜产品质量合法性应该包括规制合法性、规范合法性和认知合法性三个维度。尽管合法性和声誉有许多相似性，并且多次在同一篇论文中被同时提及（Brown，1997；Elsbach，1994；Fombrun and Shanley，1990；Stuart，1998），但是人们很少区分这两个概念。声誉与组织合法性的第一个区别体现在：与合法性相比，声誉是根据相对的地位（Standing）、偏好、质量、声望、喜爱等要素来评价的（Heugens，2004；Deephouse，2000）。因此，组织声誉的核心问题是组织间的比较来决定相对的地位。对于任何两个组织，它们要么声誉相同，要么一方比另一方的声誉更高。声誉与组织合法性的第二个区别体现在两者的构成维度

方面。组织合法性的评价主要是从规制、规范或认知等维度开展的，而声誉则可基于组织之间差异的任何属性。Keiichi Yamada（2008）提出了合法性管理和声誉管理的关系（见图 4-2）。

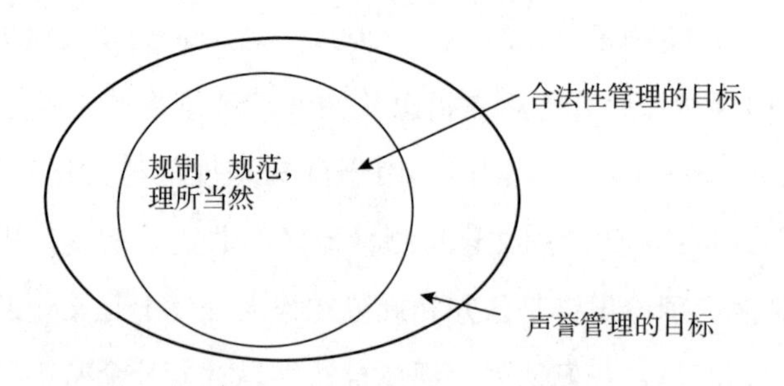

图 4-3　合法性管理和声誉管理的关系

根据社会承认的逻辑，声誉建立在合法性的基础之上。合法性的基础越狭窄，就意味着人们越可能在同一个基础上，按同样的标准评价衡量行为表现，也就越可能建立一个统一的声誉市场和稳定的声誉制度。然而，各种不同的合法性在组织和其环境间提供的不仅仅是一个重要的关系。组织可通过这些因素的组合来判断是合法的还是非合法的（Ruef and Scott，1998）。进一步来说，企业有可能在认知层面被认为是合法的，但在道德层面是非合法的。

具体到畜产品的质量合法性来说，畜产品可能在规制层面的合法性较高，但在规范层面和认知层面的合法性较低。这就可以解释畜产品市场的二元声誉的现象，即畜产品供应商的规制合法性较高，但规范合法性较低、认知合法性较低。这是由于规制合法性的评价主体是政府、行业协会制定的各种与质量有关的法律法规，而规范合法性和认知合法性的评价主体是消费者、社会公众等利益相关者认可的道德、价值观。

本章小结

本章主要分析畜产品市场的质量声誉与质量合法性。通过对比经济学和社会学关于声誉机制的不同解释，本章运用组织社会学中的新制度主义，对畜产品市场的声誉现象进行分析，阐明了畜产品质量声誉产生的基础与特点，揭示了畜产品质量声誉的产生机制。然后，提出畜产品市场的质量声誉等级体系，揭示畜产品市场质量声誉的二元性。最后，提出了畜产品质量合法性，阐明了畜产品质量合法性与质量声誉的关系。

第五章　畜产品的民间质量声誉的形成机制模型

前文笔者对畜产品的质量安全以及畜产品质量声誉分别进行了分析，发现，畜产品质量安全不仅是一个客观质量的问题，而且是一个主观评价的过程。畜产品供应商没有获得规范合法性和认知合法性，从而导致了消费者感知的民间质量声誉与官方评价的质量声誉存在不一致。我们认为，未来畜产品市场的质量声誉管理方向应是推动畜产品供应商投资于与消费者认知相吻合的声誉的建立，形成符合规范合法性和认知合法性要求的声誉。

考虑到当前主要是民间质量声誉低于官方声誉，我们应主要分析是什么因素影响了畜产品民间质量声誉的建立，分析畜产品民间质量声誉的形成是否真正会有利于畜产品的质量安全。本章笔者将对此进行分析，建立理论模型，并提出相应的假设。

第一节　畜产品民间质量声誉的形成机制模型

当前，我国畜产品供应商的生产经营环节以及产品已经较好地符合了相关质量保证制度，获得了规制合法性，官方的质量声誉较高。然而，消费者对我国的畜产品质量并不认可，畜产品供应商存在规范上的不合法以及认知上的不合法，从而造成了消费者感知的民间质量声誉低下。下面我们就主要探讨畜产品民间质量声誉形成过程，建立畜产品民间质量声誉的形成机制模型，并提出相关的假设。

一、畜产品民间质量声誉的形成机制模型

声誉制度的建立有两个互为依赖的过程：第一，这是一个地位分化的过程。也就是说，供应商提供的产品有所不同，从而为声誉的建立奠定基础。第二，这同时也是一个同化的过程。也就是说，人们必须接受、认可统一的标准，即合法性形成的过程。

首先，我们分析声誉制度建立过程中的地位分化过程。消费者要感知到供应商之间提供产品质量存在差异，需要满足以下几个条件：一是消费者对价格的敏感性要低于质量的敏感性；二是品牌间的竞争；三是行业发展的时间，需要有时间体现出质量的差异。因此，畜产品市场的制度环境以及市场的组织程度在很大程度上会影响消费者对畜产品的认可与接受。

其次，我们分析声誉制度建立过程中的同化过程。这一过程不仅是消费者对什么是质量安全的产品标准的认知过程，也是不同社会群体融

合进声誉等级制度的过程。声誉的建立是一个观众接受并分享声誉建立者或持有者的标准、品位及习惯的融合过程。为了获得声誉或地位，所有的社会位置、角色和行为都必须在将诉求建立在由共享价值和观念的制度领域确立的合法性和合情合理的基础上，它们是由共享价值和信念的制度领域确立的。此外，合情合理和合法性必须超越个人私利和社会群体的界限，为大众所接受。在当代社会，自然和理性是人们据以提出合法性和合情合理要求的基础，它们提供了“客观存在”的基础，从而可以不受私利引导的人为操纵的影响。

因此，声誉的产生、延续和分布与特定的社会承认的逻辑密切相关。社会承认意味着既要接受评价标准，又要接受将技能或行为的某些特定于稳定的等级秩序相连接的过程。就畜产品市场而言，对畜产品等级制度存在共同的认知，是等级制度发生作用的前提条件。社会认知机制对于社会声誉的形成有重要影响。基于以上分析可以认为，畜产品的质量合法性是影响消费者感知质量声誉的重要前因变量。

综上，笔者提出了如图 5-1 所示的畜产品民间质量声誉形成机制的理论模型。

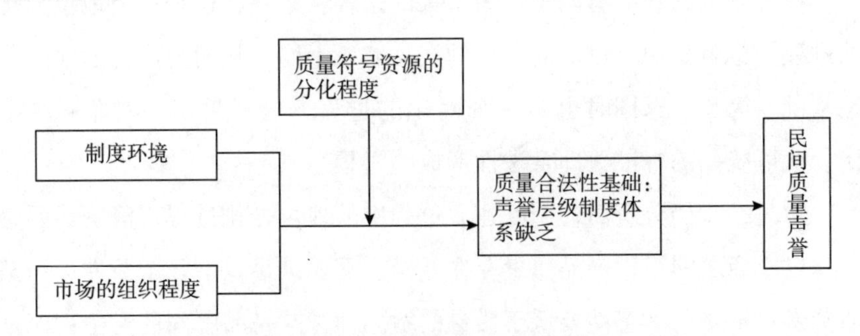

图 5-1　畜产品民间质量声誉形成机制的理论模型

二、 制度环境对畜产品民间质量声誉形成的影响

在我国，畜产品市场区域分割和畜产品供应商和消费者与质量评价中心制度的距离是反映我国畜产品市场制度的两个重要变量。下面我们

将逐一分析其对畜产品民间质量声誉形成的影响。

1. 畜产品市场的区域分割对畜产品民间质量声誉的影响

我国地方政府，其中包括各级党委、行政、立法和司法机构，对地方市场经济的影响都是不容忽视的（黄玖立、李坤望，2006）。从政治晋升的角度来分析，地方保护和市场分割内生于地方官员考核标准和晋升制度当中，中央基于经济绩效晋升地方政府官员能够有效地激励地方政府官员努力工作，但在“政治锦标赛”中地方官员没有激励进行经济合作，反而互相提防形成市场分割和地方保护（周黎安，2004，2007；张军，2005；徐现祥等，2007；皮建才，2008）。

多数学者认为，我国的地方市场分割形成的根本原因是改革开放以来的行政性分权、地方政府实施的赶超战略、地方政府的权力行使不规范、政企职责不分、地方官员政治利益、区域利益驱动等。

Kennes 和 Schiff（2002）考察了市场宽度（卖家数量多少）对声誉机制作用的影响。通过建立的一个声誉体系的定向搜索模型，他们发现，如果市场宽度不够，那么买者就很有可能被声誉机制伤害，因为如果市场过于狭小（卖家数量很少），交易均衡价格的上升幅度要大于均衡质量的上升幅度。Huck 等（2007）采用实验调查的方法研究了高市场密度（信息交流程度）下市场中消费者信息交流程度对企业声誉乃至市场效率的影响。他们发现市场中的信息交流培育了企业建立声誉的激励，拓展了市场中的信任度和效率，并且市场绩效随着市场密度的提高而增加。

畜产品市场的区域分割越厉害，畜产品供应商培育品牌的收益就会较少，从而弱化了其培育品牌的动机，不利于畜产品民间声誉的建立。另外，区域分割越厉害，畜产品供应商与消费者面临的制度环境差异越大，从而不利于产生共享的观念，也就降低了合法性基础的产生概率。基于以上分析，我们提出：

假设 1：畜产品市场的区域分割程度越大，畜产品民间质量声誉的水平越低。

2. 畜产品供应商和消费者的制度距离对畜产品民间质量声誉的影响

一般来说，制度距离（Institutional Distance）就是两个国家或地区在准则、认知和标准的制度间相似性和差异性程度。笔者将制度距离引入评价畜产品供应商和消费者与质量评价中心制度的接近性差异（以下简称制度距离）。

制度距离可分为三个维度，即规制距离、规范距离和认知距离。规制距离涉及规则的设定、监督和执行，以法律惩罚为合法性的基础。规范距离涉及由社会共享的、个人执行的行为中的社会规范、信念与价值观。这些非正式的指示和要求通常由文化驱动并具有隐性特征。认知距离涉及人们用于选择、翻译信息的结构与推论，反映了社会共享的认知结构和社会知识，代表了社会中固有的认知结构，它影响人们觉察、界定和解释环境的方式。

虽然畜产品供应商和消费者在多维制度距离下互动，本书仅仅分析畜产品供应商和消费者在质量评价中心制度方面的距离。我们认为，畜产品供应商和消费者在质量评价中心制度方面的距离越大，双方对畜产品的质量以及畜产品供应商的经营管理行为就会存在更大的认知偏差，从而不利于畜产品民间质量声誉的建立。基于以上分析，我们提出：

假设 2：畜产品供应商和消费者与质量评价中心制度的距离越大，畜产品民间质量声誉的水平越低。

三、市场的组织程度与畜产品民间质量声誉的形成

消费者群体的分化程度和需求方面的组织程度是衡量一种产品市场内部组织程度的重要变量。由于各种畜产品消费者在组织程度方面的差异性不强，我们仅仅分析消费者群体的分化程度对畜产品民间质量声誉形成的影响。一般来说，消费者对某一产品质量的需求存在分化，也就是说消费者对质量存在不同的评价标准。部分人宁愿接受低价格的低质

量产品，或者部分人宁愿接受低价格、质量中等的产品。他们认为，品牌产品增加了产品的销售成本，没有品牌的产品也可以是高质量或中等质量的产品，这些产品价格较低，他们乐意接受这种产品。

在畜产品市场同样存在这样的现象，部分消费者对价格非常敏感，宁愿购买低价低质的畜产品。当然，也有部分消费者对价格不敏感，宁愿花较高的价格购买高质量的畜产品。消费者群体的分化程度会影响畜产品民间质量声誉的水平。Sette（2009）分析了专业服务市场中顾客特征对声誉激励作用的影响，认为不同的顾客特征对于声誉机制作用的效果有所不同，顾客特征对于声誉机制作用的方向是不确定的。他认为，顾客特征会影响他们评估所接受服务的价值和服务被成功提供的可能性，并进而影响顾客对拥有不同声誉的专家的选择，而顾客的选择对激励专家提供高质量服务有重要的影响。在畜产品市场，由于畜产品的经验品和信任品特质，使消费者的组织化程度很低。我们认为，在畜产品市场上，消费者群体的分化程度越高，畜产品民间质量声誉的水平越低。基于以上分析，我们提出：

假设3：消费者群体的分化程度与畜产品民间质量声誉的水平存在显著的负相关关系。

四、质量合法性的中介效应

我们在第四章分析了畜产品供应商的质量合法性与质量声誉的关系，提出畜产品供应商的质量合法性构建，有利于畜产品质量声誉水平的提高。另外，假设1、假设2和假设3分别提出了畜产品市场的制度环境与组织程度对畜产品质量声誉水平的影响假设。下面我们继续分析畜产品市场的制度环境与组织程度对质量合法性的影响。

Ruff和Scott（1998）指出，不是所有的合法性评判都具有同等的重要性。合法性评判的重心可能因时间和地点的不同而改变（Dacin，1997）。根据已有的新制度理论和生态理论的研究（Hannan and Freeman，

1989；Baum and Oliver，1992），如果把生存的普遍性当作一个成功的标准，我们就应该把管理合法性和技术合法性作为对组织的生存影响看作首要指标（Ruff and Scott，1998）。环境经济学者则提出了环境合法性的概念，Bansal 和 Clelland（2004）认为，当企业环境绩效在社会公众那里获得了整体优良的评价，企业就获得社会“授予”的环境合法性。田茂利等（2009）指出，环境合法性是一种假设和一般知觉，该假设和一般知觉认为，企业应当对环境绩效的获取充满渴望，并认为获取环境绩效是正确适当的。

我们认为，当企业的产品或服务质量获得了社会公众整体优良的评价，那么它就获得了质量合法性。虽然质量监管规制会迫使企业具备为社会大众认可的标准、规范、预期以及价值观，但是质量合法性却在不同利益相关者眼里的程度会有所不同。这正是质量合法性与一般组织合法性的不同之处。一般来说，组织质量行为的利益相关者对于组织质量态度的评价角度会因个体差异而存在差异，具体差异包括自我规范、认知模式和使用偏好。在畜产品市场，畜产品市场的区域市场分割、供应商与消费者与质量评价中心制度的距离以及消费者群体的分化不利于社会公众形成共同的认知。正如组织合法性理论指出的，合法性机制发生作用的重要条件是社会制度、社会组织以及符号资源的中介作用。这些制度设施塑造了社会空间的内部结构、社会群体之间的关系，塑造了我们接近理性和自然的过程。由于畜产品市场的区域市场分割、供应商与消费者与质量评价中心制度的距离以及消费者群体的分化，消费者并不认可当前的质量制度，导致畜产品的质量声誉缺乏合法性。基于以上分析，我们提出：

假设 4：质量合法性在制度环境与畜产品民间质量声誉之间存在中介作用。

假设 5：质量合法性在市场组织程度与畜产品民间质量声誉之间存在中介作用。

五、 畜产品市场的质量符号资源分化的调节效应

符号资源是指与塑造文化观念、社会意识有关的社会设施，如教育设施、知识分子、文化设施等。将不同的社会群体加以“同化”，使其接受社会中心制度是建立统一稳定的声誉制度的一个重要过程。符号资源在这一过程中起着不可忽视的作用。它可以影响人们的认知，界定群体边界，塑造相同或不同的评估标准，建立“想象的共同体”。在本书中，笔者主要关注质量的符号资源。有两个指标能反映畜产品市场的质量符号资源分化程度：一是畜产品市场的质量评价标准多寡；二是畜产品市场的质量评价机构（包括评级、评价、认证等机构）多少。畜产品市场的质量评价标准越多、差异性越大，畜产品市场的质量评价机构越多，不仅会增加信息收集的成本，而且会带来多元质量评价体系，不利于畜产品民间质量声誉水平的提高。基于以上分析，我们提出：

假设 6：畜产品市场的质量评价标准数量会负向调节制度环境与畜产品民间质量声誉之间的关系。

假设 6a：畜产品市场的质量评价标准数量会负向调节畜产品市场的区域分割程度与畜产品民间质量声誉之间的关系。

假设 6b：畜产品市场的质量评价标准数量会负向调节供应商和消费者的制度距离与畜产品民间质量声誉之间的关系。

假设 6c：畜产品市场的质量评价标准数量会负向调节消费者群体的分化程度与畜产品民间质量声誉之间的关系。

假设 7：畜产品市场的质量评价机构数量会负向调节制度环境与畜产品民间质量声誉之间的关系。

假设 7a：畜产品市场的质量评价机构数量会负向调节畜产品市场的区域分割程度与畜产品民间质量声誉之间的关系。

假设 7b：畜产品市场的质量评价机构数量会负向调节供应商和消费者的制度距离与畜产品民间质量声誉之间的关系。

假设 7c：畜产品市场的质量评价机构数量会负向调节消费者群体的分化程度与畜产品民间质量声誉之间的关系。

第二节
畜产品市场的质量声誉与质量信任关系模型

畜产品供应商的质量声誉得以建立后，是否能推动消费者感知的质量信任呢？下面笔者对两者的关系进行分析。

一、畜产品市场的质量信任类型

信任是一个多维构念，已被广大学者所认同。Ganesan（1994）将信任划分为感知可信度（Credibility）和善意（Benevolence）两个维度；Rempel、James 和 Mark（1985）将信任划分为可预测性（Predictability）、可靠性（Dependability）和信念（Faith）三个维度。Das 和 Teng（2001）将信任划分为能力信任（Competence Trust）和善意信任（Goodwill Trust）两个维度；Mayer、Davis 和 Schorman（1995）将信任度划分为能力（Ability）、善意（Benevloence）和正直（Integrity）三个维度。Farrell、Flood 和 Curtain 等（2005）将信任划分为能力信任和善意信任两个维度。Luo（2005）把信任区分为特殊信任和一般信任。特殊信任是以血缘性社区为基础建立在私人关系或家庭关系或准家族关系之上的信任；而一般信任则是以信仰共同体为基础建立在具有相同信仰和利益的所有人关系之上的信任，它不是以关系和人情作为基础而是以正式的规章制度和法律等作为保障的。卢曼（N. Luhmann，1979）把信任区分为人际信任和制度信任。前者建立在人与人之间情感关系基础之上，后者则借助外在的、类似于法律一类的惩罚性或预防式机制，来降低社会交往的不确定性。威廉姆森（Williamson，1996）把信任分为可计算的、制度的、个人的信任。可计算型信任是与合同有关的，是基于个人成本收益权衡产生的信任；制度型信任也是基于计算基础的，因为考虑到法律体系或正规的社会规则会加重违背信任的惩罚产生的信任；个人信任就是纯粹的信任，无论合同是否完备，这个人就是相信，天生就相信别人。张维迎（2003）把信任分为基于个性特征的信任、基于声誉的信任、基于制度的信任。基于个性特征的信任是指由先天的因素或后天的关系决定的信任；基于制度的信任，就是说给定的制度下，你不得不按照别人预期的那样做，因为如果你不那样做的话，就会受到很大的惩罚，所以别人信任；基于声誉的信任指的是，一个人为了长远的利益而自愿牺牲地选择放弃眼前骗人的机会。

虽然不同学者对信任的维度划分存在差异，但本书认为，信任都可划分为基于情境的信任、基于品质的信任，而后者又可划分为基于认知的信任和基于情感的信任（见表 5-1）。

表 5-1　信任的维度划分

情境信任	品质信任		举例
	基于认知的信任	基于情感的信任	
—	认知型信任	认同型信任	McAllister（1995）
计算信任	知识型信任	善意信任	Lewicki 和 Bunker（1995）
—	可预测性信任、可靠性信任	信念信任	Rempel James 和 Mark（1985）
—	能力信任、正直信任	善意信任	Mayer、Davis 和 Schoorman（1995）；Das 和 Teng（2001）
威慑型信任、计算信任	—	关系型信任	Rousseau、Sitkin 和 Burt（1998）
基于制度的信任	基于声誉的信任、基于个性特征的信任	—	张维迎（2003）

资料来源：本书根据相关文献整理。

情境信任理论源自交易成本经济学。交易成本分析假设人的本性就是具有机会主义倾向的，因此，它所考虑的只是一种基于对方自利行为的信任，即一方信任另一方，是因为这一方知道，另一方采取合作行为是符合自身利益的。这种假设暗示着机会主义的条件无处不在，信任只取决于环境的特征而与另一方自身的属性无关。因此，Noorderhaven（1996）将这种信任称为情境信任（Situational Trust）。

导致情境信任的源泉有两个方面：第一，基于权力的信任，即当一方明确了解自己具有较强的权力而相信对方因依赖自己而不会实施机会主义行为时，会产生基于权力的信任。第二，基于制度的信任，即当一方相信交易环境中存在的正式制度具有较强的约束力时，会产生制度信任（Institutional Trust）；“当一方相信交易圈子中的非正式规范具有较强的约束力时，则会产生二次信任（Quadratic Trust）”（寿志钢等，2007）。但总体而言，情境信任基于的是信任者对交易环境的了解，这需要信任者具有较强的计算能力，因此，Deutsch（1973）、Lewicki 和 Bunker（1995）又将此类信任称为基于计算的信任（Calculus Based Trust，简称计算信任）。

交易成本分析假设信任只取决于环境而与被信任者自身的属性无关。该假设显然与我们在现实生活中所观察到的事实并不一致。“同一交易条件下，不同交易伙伴在行为准则、公平性和道德承诺上存在的差异，显然会使他们具有不同的可信任度。然而，这种基于对另一方的感知认为对方具有与生俱来的可信度而形成的信任，并没有被纳入交易成本经济学的考虑中”（Noorderhaven，1995；Ring，1993）。由于这种信任因人而异，因此被 Noorderhaver 称为品质信任（Character Trust）。McAllister（1995）从社会心理学的角度将信任分为情感信任（Affective Trust）和认知信任（Cognition Based Trust）两种维度。前者是因为双方的关系中融入了很强的感情因素，从而导致了一方对另一方产生信任；后者是基于对另一方的行为认知而产生的信任，被信任者的历史记录为此类信任提供了重要的基础。Mayer 等（1995）在综合前人研究的基础上，提供了一个更具有涵盖力和可操作性的信任分类。他们将品质信任分为能力信任、善意信任和正直信任三种类型。

根据前文对信任的维度划分，本书将消费者对畜产品供应商的信任分为计算信任、能力信任和善意信任三种类型，计算信任属于情境信任，能力信任属于基于认知的信任，善意信任属于基于情感的信任。

二、畜产品民间质量声誉对质量信任的影响

学者们对于声誉的效果进行了较多的研究。Klein 和 Leffler（1981）研究了一个声誉机制，这个声誉机制会提供足够的激励，以促使出售体验性物品的卖家遵守承诺。在这个机制的运行中，消费者会为高质量的产品支付价格溢价，企业如果欺骗消费者就会遭受预期未来利润量的损失，因此出于长期利益的考虑，企业不会选择欺骗。但他们的研究并没有详细地分析产品高价格的形成过程。Shapiro（1983）认为，市场声誉有传递信号的作用，他证明了当产品质量不能被消费者观察到时，好的市场声誉能够给企业带来溢价（Premium），而这一溢价反过来又能促使企业在长期内保持自身好的市场声誉。

企业出于利润最大化的动机，不但会实施努力建立自己的声誉，维持已建立的声誉，投资购买其他企业的声誉，而且会消费已经建立或者购买的声誉。Mailath 和 Samuelson（2001）的研究就提到，一般企业在声誉很低的时候可能会非常努力地建立自己的声誉，但在拥有一个高声誉后会松懈下来享受自己的劳动果实。他们详尽地阐释了企业消费声誉的整个过程：当许多消费者认为企业是一般企业的可能性较低时，一般类型企业会采取“极度努力水平”来大幅度提高企业的声誉，因为“极度努力水平”产出好结果的可能性要比“高努力水平”高很多，能更好地建立自己的声誉。但“极度努力水平”花费的成本也较高，当许多消费者对企业（产出）变得更加乐观后，一般企业会转而采取成本更低的“高努力水平”，享受企业声誉建立的成果。Mailath 和 Samuelson（2001）的研究还发现，高声誉对于低能力企业来说更具有吸引

力，因为消费者几乎完全相信企业是一般企业，低产出不会大幅度地动摇消费者的信念，低能力企业将享受高声誉所带来的好处。

由于当前我国畜产品供应商的质量声誉水平较低，此时提高声誉，将会带来更大的效用。我们认为，畜产品民间质量声誉水平的提升会提高其对畜产品质量的信任感知，其原因在于：畜产品民间质量声誉是一种信号，能让消费者认识到畜产品供应商在质量声誉建设方面的投资，让消费者意识到畜产品供应商投资于质量声誉的建设更符合其自身的利益，从而有助于计算信任的形成。此外，畜产品质量声誉的信号作用，也能让消费者感知到畜产品供应商在畜产品生产与销售中的能力与善意，从而推动消费者形成对畜产品供应商的善意信任和能力信任。基于以上分析，我们提出：

假设 8：畜产品民间质量声誉的水平与畜产品的质量信任存在显著的正向关系。

本章小结

本章构建了畜产品市场的质量声誉形成机制模型。具体分析了畜产品市场的制度环境、组织程度对畜产品质量声誉的影响，畜产品供应商的质量合法性在畜产品市场的制度环境、组织程度与畜产品质量声誉间的中介作用，畜产品市场质量符号分化程度与畜产品质量声誉间的关系，以及畜产品供应商的质量声誉对质量信任的影响，并提出了相应的假设。

第六章　研究方法与数据分析

本书通过问卷调查获得实证研究的数据。问卷调查的样本源为畜产品供应商以及畜产品的消费者。对问卷调查获得的数据，笔者采用线性回归的方法进行假设检验。

第一节 实证研究设计

一、测量工具的发展

由于本书涉及的多数变量没有现成的二手数据可以利用，笔者直接向畜产品供应商以及畜产品的消费者发放调查问卷，收集一手数据。

在量表设计方面，考虑到现存的信任、声誉等量表已经比较成熟，本书在现有研究成果的基础上进行了适当发展和完善。对于组织合法性等变量，由于目前尚没有比较成熟的量表借鉴，本书首先通过回顾相关文献确定变量维度，并通过访谈等方式确定测量的维度、题目，从而开发相应的量表。

本书采用李克特（Likert Scale）五点量表来测量各变量。在问卷编码时采用如下方式进行编码：完全反对（1）、反对（2）、中间立场（3）、同意（4）、完全同意（5）。为避免答卷者敷衍导致的研究误差，笔者剔除了那些所有选项均选同一选项、数据缺失及前后回答明显矛盾的问卷。

考虑到部分量表是基于西方发达国家经济社会背景开发出来的量表，并且质量合法性和质量信任等量表是笔者自己设计的量表。为保证量表的信度和效度，本书采用了一次收集数据的方法。在对各变量进行操作化设计、形成量表后，笔者进行了大样本调研来收集数据。

二、数据来源

获取数据的前提是样本的确定。为了确保样本的代表性，有必要对通过抽样来获得样本。根据抽样方法是否遵循随机原则，可以将抽样方法分为非随机抽样和随机抽样两类。随机抽样的好处是样本有较强的代表性，能较好地代表总体的情况，但实施难度较大①。由于随机抽样实施难度较大，实际研究中大多采用非随机抽样的办法。为提高本书研究样本的代表性，本书尽可能扩大样本来源区域，在北京、浙江、江苏、上海、广州、南昌等经济发达程度不同，文化特征各异的地区发放问卷，并尽量扩大样本的覆盖面，做到样本企业生产的畜产品种类、规模、经营地域等关键要素的分布较为广泛。

在明确抽样方法后，需要确定实证研究所需的样本数量。学者对样本量的确定提出了诸多论述。根据 Gay（1992）的研究，样本的大小应根据研究种类来确定，作为相关研究，样本数至少须在 30 份以上才能探究变量间有无关系存在。Bartlett 等（2001）认为，如果需要进行回归分析，样本总数和自变量个数之比应不低于 5∶1，最好是 10∶1；如果需要进行因子分析，样本总数应不低于 100。本书的有效样本数为 138 份（消费者问卷和供应商问卷各 138 份），符合进行回归分析的要求。

国内目前关于组织合法性的研究相对较少，对于质量合法性的研究更是少见。为了了解畜产品供应商对质量合法性的认识，笔者对企业界和学术界的一些人士进行了访谈。通过这些访谈，笔者对质量合法性的内涵、维度有了一定的认知，并在此基础上设计出了相应的量表。

在数据收集阶段，笔者不仅向畜产品供应商的中、高层管理者（包括总经理、副总经理或者关键职能部门的经理）发放问卷，请其代表所在公司填写相应问题来收集有关数据，而且向对应的消费者发放问卷。通过快递或邮件发放问卷，并电话跟踪问卷的到达、填写、回收情况。希望通过以上方式，提高样本的代表性和问卷的回收率②。

---

① 即能提高研究结论的外部效度。

② 问卷回收率较低时，可能存在样本偏误，即不应答的调查对象可能与应答的调查对象具有系统性的差异。控制这种偏误是问卷调查要注意的重要问题之一。

笔者共向畜产品供应商发放问卷 182 份，回收有效问卷 151 份，有效问卷率为 83.5%；共向畜产品消费者发放问卷 205 份，回收有效问卷 158 份，配对后得到 138 份，有效问卷率为 77.1%。正式样本主要通过随机抽样、业务关系发放、参加学术会议等方式获取，通过邮寄问卷和现场发放方式回收问卷。由于收集问卷时涉及的区域广，可控性较差，因此回收率和有效问卷率相对较低。

第二节　变量的度量

为了确保本书所采用的各个变量能够最大限度地反映相应的概念及其内涵，本书在问卷设计过程中，通过文献回顾找到变量度量的理论依据，然后通过访谈多位专家、消费者和畜产品供应商，对变量的内涵、测量题项进行必要的修订。

一、 自变量的度量

1. 区域市场分割的度量

在具体测评区域性的市场分割程度时，经济学界往往是有选择地借用国际市场依存度、货运和客运密度、国际资金依存度和流动性、劳动力与技术的交流程度等指标来达到自己的研究目标。从现有的对于我国各省经济联系强度的研究成果上看，国外的研究主要采取的是“引力模型法”和“边界效应法”这两种具体方法。引力模型法首先由 Macallum（1995）提出，其侧重于从本省 GDP、外省 GDP 和两地之间的距离等因素来计算两地的贸易流量；而边界效应法则主要是从不同的地区之间的跨境商品贸易流来分析区域内和区域外的贸易相关情况，其中，边界效应越大，那么实践中的跨境贸易就越难进行。

本书将区域市场分割分为要素市场分割和产品市场分割两大类。当要素流动存在障碍时，若商品能够自由流动，商品的价格会趋同，而当商品流动存在障碍时，只要要素能够自由流动，商品的价格最终也将趋同。所以用价格信息构造指标衡量市场分割是判断市场分割程度的一种行之有效的方法。产品价格变动幅度的扩大能证明区域分割的加剧。

考虑到饲料和兽药是畜产品生产的两种重要原材料，笔者从饲料和兽药的流动性、畜产品的价格等方面度量区域市场的分割程度。具体度量题项如下：①该畜产品在本地的销售价格与全国市场的销售价格相差不大；②我们有从全国市场采购饲料的主动权，政府没有强制我们从哪些供应商采购；③我们有从全国市场采购兽药的自主权，政府没有强制我们从哪些供应商采购；④当地的饲料的价格与全国市场类似饲料的价格相差不大；⑤当地兽药的价格与全国市场的价格相差不大。

2. 消费者分化

为了获得消费者分化的量表，我们对五家畜产品供应商和六名消费者进行了深度访谈。整理访谈结果发现，畜产品的消费者在价格敏感性和品牌敏感两方面存在分化。

消费者的价格敏感性可从价格重要性和价格搜索倾向两个方面来衡量。价格重要性是指消费者对于畜产品产品价格变化或者差异的感知和反应的程度。我们通过以下题项来度量：在购买畜产品时，绝大多数消费者最看重价格。价格搜索倾向是指消费者对于更便宜的价格的搜索程度。我们通过以下题项来度量：在购买畜产品时，绝大多数消费者会为了价格而货比三家。

消费者的品牌敏感，笔者借鉴 Kapferer 等（1983）等的品牌敏感量表，并根据畜产品行业的特点进行了修改。笔者设计了以下三个题项：①在购买畜产品时，绝大多数消费者都不注重品牌；②在购买畜产品时，绝大多数消费者不愿意花更多的钱购买知名品牌的产品；③很少有消费者认为花更多的钱去购买知名品牌的畜产品是值得的。

消费者需求的分化程度主要通过消费者的价格敏感性和品牌敏感的对比来衡量，如果两者的差距很大，说明消费者需求的分化程度高；反之则低。因此，我们对消费者的价格敏感性进行正向计分，但对消费者的品牌敏感进行逆向计分。

3. 畜产品供应商和消费者与质量评价中心制度的距离

在新制度主义学者看来，制度距离是一个用以测量表征母国与东道国相关组织场域特征的认知、规制和规范性制度差异以及母国与东道国之间制度化差异的指标（Phillips et al.，2009）。Kostova 沿用 Scott（1995）的制度三维度划分法来划分制度距离维度的做法获得了较为广泛的认可，学者们分别从规制、规范和认知维度来量化制度距离。对于基于规制维度的制度距离测度，研究者往往通过比较国家之间在法律制定、实施力度和法律体系有效性等方面存在的差异来衡量规制维度的制度距离。学者们常采用两种方法来测量规范和认知维度的制度距离。第一种方法是用社会对某种行为的共识或者某种社会公认的行为规范来衡量规范维度的制度距离，而用社会价值观差异来衡量认知维度的制度距离。例如，Busenitz 等（2000）通过比较不同国家公民在创业知识和技能方面的差异来衡量规范维度的制度距离，通过比较人们在认可创业行为和创新思维方面存在的差异来衡量认知维度的制度距离。第二种衡量规范和认知维度制度距离的方法就是借用文化距离衡量方法。Hofstede 认为，国家之间的文化差异主要表现为集权和分权、不确定性规避、性别差异以及个人主义与集体主义差异。Kogut 和 Singh（1988）根据 Hofstede 提出的四维度文化测量指标开发了一个衡量国家间文化差异的模型。由于文化距离可以归并到制度距离的规范和认知维度，因此，很多学者采用 Kogut 和 Singh 的文化距离量表作为替代量表来衡量国家间规范和认知维度的制度距离（薛有志、刘鑫，2013）。

笔者通过以下题项来度量畜产品供应商与消费者距离质量评价中心制度的距离：①与消费者相比，畜产品供应商积极参与到畜产品质量评价标准的制定中去；②在畜产品质量评价标准形成中，畜产品供应商比消费者对新闻媒体施加了更大的影响；③在畜产品质量评价标准形成中，畜产品供应商比消费者对行业协会施加了更大的影响；④在畜产品质量评价标准形成中，畜产品供应商比消费者对各级政府施加了更大的影响；⑤相对消费者来说，畜产品供应商与质量评价机构的关系更为密切。

二、因变量的度量

笔者从消费者对畜产品供应商的计算信任、能力信任和善意信任三个方面来度量消费者对畜产品供应商的质量安全感知。现有文献中并没有明确的与计算信任相关的量表，但 Lewicki 和 Bunker（1995）对这一变量做了详细的描绘，因此根据他们的描绘来编制计算信任的量表。能力信任的量表根据 Levin 和 Cross（2004）、Yilmaz 等（2004）以及 Ganesan（1994）的研究来改编，包含五个测量题项。善意信任的量表包含四个测量题项，主要根据 Levin 和 Cross（2004）及 Ganesan（1994）的量表改编而来。本书采用的消费者对畜产品供应商提供产品的质量信任量表如表 6-1 所示。

表 6-1　本书采用的质量信任量表

维度	题项
计算信任	这家畜产品供应商知道，为消费者提供高质量的产品符合他们自身的利益
	他们明白，用劣质产品欺骗消费者一定会受到惩罚
	他们明白，用劣质产品欺骗消费者的后果会很严重，因此，我们相信他们不会有欺骗行为
能力信任	这家畜产品供应商的生产体系先进
	根据以往的经验，我没有理由怀疑他们的质量管控能力
	我对他们的质量管控能力很有信心
	他们具有丰富的质量管控专业知识

续表

维度	题项
善意信任	他们总是会考虑消费者的利益
	他们就像我的朋友
	他们会努力确保消费者的利益不受损害
	他们过去曾经为消费者的利益而做出过牺牲

三、 中介变量的度量

Tilling（2006）认为，试图直接度量合法性是一件主观的事情，研究者不能试图直接评估合法性，而应根据利益相关者提供的资源来测量。Hybels（1995）提出，研究者与其忙于抽象的合法过程的研究，还不如研究资源从利益相关者是如何流到组织的，以及沟通的模式与内容。依据 Kostova 和 Zaheer（1999）关于“组织合法性意味着组织被环境所接受”的观点，Trevis Certo 和 Frank Hodge（2007）提出了组织合法性的七点量表，他们通过四个问题来询问四类环境要素：顾客、供应商、员工和竞争者对组织的接受情况。

Guido Palazzo 和 Andreas Georg Scherer（2006）认为，规制合法性是公司的产出、程序、结构和领导行为得到关键利益相关者认可的程度。Brinkerhoff（2005）提出，规制合法性源自组织满足利益相关者需求和预期的程度，可把其作为组织与利益相关者之间的交换关系的函数。因此，规制合法性可细分为两类：一是交换合法性（Exchange Legitimacy），它源自组织与其利益相关者间的直接交换。从概念上看，这种合法性类似于组织——环境互动的资源/权力互依模型。提供合法性或拒绝合法性的能力是利益相关者拥有的一种资源，而这一资源有助于组织的生存和长期持续成长。二是 Suchman（1995）所称的影响合法性（Influence Legitimacy）。影响合法性对产出难以衡量的组织来说非常重要。这些组织经常以某些形式让利益相关者加入到组织运作中来，由此可促进组织获得这类利益相关者的认可。基于此，本书通过以下三个题项来测量组织的规制合法性：①该畜产品供应商的产品并未索取高价；②该畜产品供应商会让顾客参与到产品生产和服务提供中去；③该畜产品供应商在产品生产和服务提供中会认真听取顾客的意见。采用李克特五点量表，其中 1 代表“完全反对”，5 代表“完全同意”。

结合 Suchman（1995）和 Samantha Evans（2005）等的研究，本书认为，规范合法性（Normative Legitimacy）的评价可从以下四个方面展开：①关于产品和结果的评判，这是基于行动结果的评价；②关于流程和技术的评价；③关于类型（Categories）和结构的评估，这是基于组织的结构特征在道德上是否受欢迎的评价；④关于领导者和员工的评价，这是基于组织领导者和员工吸引力（Charisma）的评价。基于此，本书通过以下五个题项来测量畜产品供应商的规范合法性：①该畜产品供应商提供的产品和服务受到人们的欢迎；②该畜产品供应商提供产品和服务的过程是适当的；③该畜产品供应商生产产品和提供服务的技术是合适的；④该畜产品供应商的机构设置是可以理解的、适当的；⑤该畜产品供应商的领导和员工具有吸引力。采用李克特五点量表，其中 1 代表“完全反对”，5 代表“完全同意”。

认知合法性来自组织并认为是“有意义”（Making Sense）的程度。Suchman（1995）认为，有意义以两种方式运作：一是如果社会成员拥有文化框架使其能把组织解释为从事能带来可接受的和有意义结果的综合行为，那么，组织就获得基于综合性的认知合法性（Based on Comprehensibility）；二是如果社会接受组织，接受组织的结构、程序、业务，认为它们是完全可以理解的、合适的，那么，这一组织就获得了基于“理所当然”的合法性（Brinkerhoff，2005）。基于此，本书通过以下三个题项来测量畜产品供应商的认知合法性：①该畜产品供应商已经成为当地社会生活中不可或缺的一部分；②在当地人看来，该畜产品供应商的存在是理所当然的，是完全可以理解的；③当地人都接受该畜产品供应商。采用李克特五点量表，其中 1 代表“完全反对”，5 代表“完全同意”。

四、调节变量的度量

“质量符号的分化程度”是本书的调节变量。我们从畜产品市场的质量评价标准数量、质量评级机构数量两个方面来度量。具体题项如下：

（1）在国家层面，该畜产品市场的质量评价标准有多少种？（　　）

A. 1 种　　B. 2~3 种　　C. 4~5 种　　D. 6~7 种　　E. 7 种以上

（2）在国家层面，该畜产品的重要质量评价机构（包括评级、评价与认证机构）有多少家？（　　）

A. 1 家　　B. 2~3 家　　C. 4~5 家　　D. 6~7 家　　E. 7 家以上

五、控制变量的度量

一般来说，畜产品的种类越多，质量评判越复杂，越不利于建立统一的声誉市场。比如，我国目前不同类型的畜产品没有区分（如黑毛猪、农家猪等），质量等级也没有区分，导致消费者无从评价产品质量。因此，我们将畜产品的种类作为控制变量。此外，规模是影响合法性与声誉的重要变量。前人的研究发现，规模越大的企业，制度的同型不一定会带来声誉。因此，我们将畜产品供应商的规模作为控制变量，具体以畜产品供应商的年销售收入来衡量。

第三节 数据分析

在假设检验之前，需要对大样本调查的数据进行初步分析以确保样本的代表性。本节首先对研究数据进行了描述性统计，统计结果表明，研究使用的数据具有很强的代表性，研究得出的结论具有较强的外部效度。其次，本章分析量表的信度、效度，为后续的假设检验奠定基础。

一、描述性统计

描述性统计主要说明样本企业生产或销售的畜产品的种类、样本企业资产总额、样本企业的畜产品主要销售地区、消费者等基本信息。通过这些描述不仅可以初步了解研究样本，而且有助于理解研究的外部效度。本书针对样本的基本数据概况，通过 SPSS 15.0 统计分析的频数和描述等统计功能，分析如表 6-2 至表 6-7 所示。

表 6-2　样本企业生产或销售的畜产品的描述性统计

企业生产或销售的畜产品	样本数量（个）	百分比（%）
猪肉	89	64.5
牛肉	20	14.5
鸡肉	21	15.3
牛奶	5	3.6
羊肉	2	1.4
其他	1	0.7
合计	138	100

表 6-3　样本企业销售收入的描述性统计

企业资产总额	样本数量（个）	百分比（%）
1000 万元以下	86	62.3
1000 万~5000 万元	43	31.3
5000 万~2 亿元	6	4.3
2 亿~5 亿元	2	1.4
5 亿元以上	1	0.7
合计	138	100

表 6-4　样本企业的畜产品主要销售地区的描述性统计

企业生产的畜产品主要销售地区	样本数量（个）	百分比（%）
华北地区	40	29.0
华东地区	12	8.7
华南地区	13	9.4
华中地区	56	40.7
西北地区	6	4.3
西南地区	9	6.5
东北地区	2	1.4
合计	138	100

表 6-5　样本消费者教育程度的描述性统计

消费者教育程度	样本数量（个）	百分比（%）
高中及以下	12	8.7
大学本科	96	69.6
硕士研究生	28	20.3
博士研究生	2	1.4
合计	138	100

表 6-6　样本消费者税前月收入的描述性统计

样本消费者的税前月收入（元）	样本数量（个）	百分比（%）
4000 及以下	8	5.8
4001～8000	79	57.2
8001～12000	31	22.5
12001～16000	14	10.1
16000 以上	6	4.4
合计	138	100

表 6-7 样本消费者居住地区的描述性统计

样本消费者的居住地区	样本数量（个）	百分比（%）
华北地区	72	52.2
华东地区	16	11.6
华南地区	3	2.2
华中地区	32	23.2
西北地区	10	7.2
西南地区	3	2.2
东北地区	2	1.4
合计	138	100

二、信度分析

运用 SPSS 15.0 对正式问卷的总量表和各分量表的 Cronbach's α 信度分析发现（见表 6-8），总量表和分量表的 Cronbach's α 信度值均在 0.7 以上，说明本书使用的量表具有较高的信度。

表 6-8 正式测试问卷的 Cronbach's α 信度测量

量表	Cronbach's α 系数	题项数量	处理方式
总量表	0.932	36	接受
区域市场分割	0.823	5	接受
消费者群体的分化	0.858	5	接受
畜产品供应商和消费者制度距离	0.701	5	接受
质量合法性	0.881	11	接受
畜产品信任	0.900	11	接受

三、效度分析

在信度分析的基础上，本书进一步分析量表的效度。效度是指实证测量在多大程度上反映了变量的真实含义。由于本书借鉴的组织合法性、信任等量表是基于西方国情境开发出来的，可能存在跨文化差异。因此，需要进一步分析其构念结构是否与原始量表的结构一致。下面，通过探索性因子分析的方法对问卷各量表的效度进行分析。

1. 区域市场分割的效度分析

运用 SPSS 15.0 软件中的“Factor Analysis”工具，对变量“区域市场分割”进行效度分析，分析结果表明，KMO 样本测度值为 0.752，大于进行因子分析的最低标准 0.5，Bartlett 半球体检验小于 0.001，因此变量“区域市场分割”适合进行因子分析。因子抽取后的载荷如表 6-9 所示。

表 6-9　正交旋转后的区域市场分割的因子载荷矩阵

变量测量的题项	因子负载
	1
A1 该畜产品在贵公司所在地的销售价格与全国市场的销售价格相差不大	0.601
A2 贵公司有从全国市场采购饲料的自主权，政府没有强制贵公司从哪些供应商采购	0.822
A3 贵公司有从全国市场采购兽药的自主权，政府没有强制贵公司从哪些供应商采购	0.828
A4 贵公司所在地的饲料价格与全国市场类似饲料的价格相差不大	0.807
A5 贵公司所在地的兽药价格与全国市场的价格相差不大	0.826
方差解释比例（%）	61.12
总方差解释比例（%）	61.12

从表 6-9 中不难发现，单个因子解释的方差占总方差的 61.12%。因此，区域市场分割分量表具有较高的结构效度。

2. 消费者群体的分化的效度分析

运用 SPSS 15.0 软件中的“Factor Analysis”工具，对变量“消费者群体的分化”进行效度分析，分析结果表明，KMO 样本测度值为 0.751，大于进行因子分析的最低标准 0.5，Bartlett 半球体检验小于

0.001，说明变量“消费者群体的分化”适合进行因子分析。因子抽取后的载荷如表6-10所示（已舍去低于0.6的值）。

表6-10 正交旋转后的消费者群体的分化的因子载荷矩阵

变量测量的题项	因子负载	
	1	2
B1在购买畜产品时，绝大多数消费者最看重价格	—	0.679
B2在购买畜产品时，绝大多数消费者都不注重品牌	—	0.885
C1在购买畜产品时，绝大多数消费者不愿意花更多的钱购买知名品牌的产品	0.827	—
C2很少有消费者认为花更多的钱去购买知名品牌的畜产品是值得的	0.714	—
C3在购买畜产品时，绝大多数消费者会为了价格而货比三家	0.602	—
方差解释比例（%）	34.324	32.019
总方差解释比例（%）	66.343	

从表6-10不难发现，两个因子共解释了总方差的64.343%。因此，消费者群体的分化的分量表具有较高的结构效度。

3. 畜产品供应商和消费者制度距离的效度分析

运用SPSS 15.0软件中的“Factor Analysis”工具，对变量“畜产品供应商和消费者制度距离”进行效度分析，分析结果表明，KMO样本测度值为0.759，大于进行因子分析的最低标准0.5，Bartlett半球体检验小于0.001，说明变量“畜产品供应商和消费者制度距离”适合进行因子分析。因子抽取后的载荷如表6-11所示（已舍去低于0.6的值）。

表6-11 正交旋转后的畜产品供应商和消费者制度距离的因子载荷矩阵

变量测量的题项	因子负载	
	1	2
D1与消费者相比，畜产品供应商积极参与到畜产品质量评价标准的制定中去	0.737	—
D2在畜产品质量评价标准形成中，畜产品供应商比消费者对新闻媒体施加了更大的影响	0.746	—

续表

变量测量的题项	因子负载	
	1	2
D3 在畜产品质量评价标准形成中，畜产品供应商比消费者对行业协会施加了更大的影响	0.807	—
E1 在畜产品质量评价标准形成中，畜产品供应商比消费者对各级政府施加了更大的影响	—	0.620
E2 相对消费者来说，畜产品供应商与质量评价机构的关系更为密切	—	0.783
方差解释比例（%）	43.241	35.012
总方差解释比例（%）	78.252	

从表 6-11 中不难发现，两个因子共解释了总方差的 78.252%。因此，畜产品供应商和消费者制度距离的分量表具有较高的结构效度。

4. 质量合法性的效度分析

运用 SPSS 15.0 软件中的“Factor Analysis”工具，对变量“质量合法性”进行效度分析，分析结果表明，KMO 样本测度值为 0.764，大于进行因子分析的最低标准 0.5，Bartlett 半球体检验小于 0.001，说明变量“质量合法性”适合进行因子分析。因子抽取后的载荷如表 6-12 所示（已舍去低于 0.6 的值）。

表 6-12　正交旋转后的质量合法性的因子载荷矩阵

	因子负载		
	1	2	3
F1 该畜产品供应商生产或销售的产品并未索取高价	—	0.783	—
F2 该畜产品供应商会让顾客参与到产品生产或服务提供中去	—	0.909	—
F3 该畜产品供应商在产品生产或服务提供中会认真听取顾客的意见	—	0.784	—
G1 该畜产品供应商提供的产品或服务受到人们的欢迎	—	—	0.865
G2 该畜产品供应商提供产品或服务的过程是适当的	—	—	0.848

续表

	因子负载		
	1	2	3
G3 该畜产品供应商生产产品或提供服务的技术是合适的	—	—	0.707
H1 该畜产品供应商的机构设置是可以理解的、适当的	0.852	—	—
H2 该畜产品供应商的领导和员工具有吸引力	0.651	—	—
H3 该畜产品供应商已经成为当地社会生活中不可或缺的一部分	0.801	—	—
H4 在当地人看来，该畜产品供应商的存在是理所当然的，是完全可以理解的	0.858	—	—
H5 当地人都接受该畜产品供应商	0.659	—	—
方差解释比例（%）	28.392	32.281	20.307
总方差解释比例（%）	80.980		

从表 6-12 中不难发现，三个因子共解释了总方差的 80.980%。因此，质量合法性的分量表具有较高的结构效度。

5. 消费者的畜产品信任的效度分析

运用 SPSS 15.0 软件中的“Factor Analysis”工具，对变量“消费者的畜产品信任”进行效度分析，分析结果表明，KMO 样本测度值为 0.689，大于进行因子分析的最低标准 0.5，Bartlett 半球体检验小于 0.001，说明变量“消费者的畜产品信任”适合进行因子分析。因子抽取后的载荷如表 6-13 所示（已舍去低于 0.6 的值）。

表 6-13 正交旋转后的消费者的畜产品信任的因子载荷矩阵

变量测量的题项	因子负载		
	1	2	3
I1 该畜产品的供应商（以下称为他们）知道，为消费者提供高质量的产品符合他们自身的利益	0.812	—	—
I2 他们明白，用劣质产品欺骗消费者一定会受到惩罚	0.792	—	—
I3 他们明白，用劣质产品欺骗消费者的后果会很严重，因此，我相信他们不会有欺骗行为	0.759	—	—

续表

	因子负载		
	1	2	3
J1 该畜产品供应商的生产体系先进	—	0. 608	—
J2 根据以往的经验，我没有理由怀疑他们的质量管控能力	—	0. 792	—
J3 我对他们的质量管控能力很有信心	—	0. 792	—
J4 他们具有丰富的质量管控专业知识	—	0. 545	—
K1 他们总是会考虑消费者的利益	—	—	0. 650
K2 他们就像我的朋友	—	—	0. 689
K3 他们会努力确保消费者的利益不受到损害	—	—	0. 731
K4 他们过去曾经为消费者的利益而做出过牺牲	—	—	0. 744
方差解释比例（%）	22. 703	20. 142	18. 596
总方差解释比例（%）	61. 441		

从表 6-13 中不难发现，两个因子共解释了总方差的 61. 441%。因此，消费者的畜产品信任的分量表具有较高的结构效度。

本章小结

本章主要阐述数据收集和数据处理方面的问题。在描述性统计分析部分，对样本企业生产或销售的畜产品、样本企业的销售收入、样本企业畜产品主要的销售地区、样本消费者教育程度、样本消费者税前月收入、样本消费者居住地区进行了描述性统计。结果表明，本书采用的研究样本具有较好的代表性。在数据收集完成之后，本章检验了问卷的信度、效度。检验结果表明，本书使用的最终问卷具有良好的信度、效度。

第七章　假设检验

本书前文提出了畜产品民间质量声誉形成的机制模型，以及质量合法性与质量信任的关系模型，提出了相关的假设，并对变量进行了度量，本章运用线性回归分析、分步回归分析和层次回归分析的方法来检验相关假设。

第一节
制度环境对畜产品民间质量声誉的影响检验

一、 畜产品市场的区域分割对畜产品民间质量声誉的影响检验

本书在第五章提出了假设，“畜产品市场的区域分割程度越大，畜产品民间质量声誉的水平越低”。将大样本调查的数据输入 SPSS 15.0 进行回归分析，回归模型的拟合情况如表 7-1 所示。可以看出模型是显著的，显著性水平为 0.001，同时调整后的 R^2 达到 0.723。

表 7-1　畜产品市场的区域分割对畜产品民间质量声誉形成的影响模型的拟合情况

N	R^2	Adjusted R^2	F	Sig.
138	0.779	0.723	70.268	0.000

回归分析的结果如表 7-2 所示。从表 7-2 中可以看出，畜产品市场的区域分割程度与畜产品民间质量声誉形成存在显著的负相关关系，回归系数为-0.532（P<0.001）。

表 7-2　畜产品市场的区域分割对畜产品民间质量声誉形成影响的回归分析结果

Variable	B	Std. Error	t	Sig.
截距	0.336	0.157	1.007	0.129
市场的区域分割	-0.532	0.036	36.212	0.000

二、 畜产品供应商和消费者的制度距离对畜产品民间质量声誉的影响检验

本书在第五章提出了假设，“畜产品供应商和消费者与质量评价中心制度的距离越大，畜产品民间质量声誉的水平越低”。将大样本调查

的数据输入 SPSS 15.0 进行回归分析，回归模型的拟合情况如表 7-3 所示。可以看出模型是显著的，显著性水平为 0.001，同时调整后的 R^2 达到 0.652。

表 7-3 畜产品供应商和消费者的制度距离对畜产品民间质量声誉的影响模型的拟合情况

N	R^2	Adjusted R^2	F	Sig.
138	0.652	0.616	122.18	0.000

表 7-4 畜产品供应商和消费者的制度距离对畜产品民间质量声誉的影响的回归分析结果

Variable	B	Std. Error	t	Sig.
截距	0.231	0.103	1.304	0.003
制度距离	-0.682	0.027	34.982	0.000

回归分析的结果如表 7-4 所示。从表 7-4 中可以看出，畜产品供应商和消费者的制度距离与畜产品民间质量声誉存在显著的负相关关系，回归系数为-0.682（$P<0.001$）。

第二节 消费者组织程度对畜产品市场质量声誉形成的影响检验

本书在第五章提出了假设，“消费者群体的分化程度与畜产品民间质量声誉的水平存在显著的负相关关系”。将大样本调查的数据输入 SPSS 15.0 进行回归分析，回归模型的拟合情况如表 7-5 所示。可以看出模型是显著的，显著性水平为 0.001，同时调整后的 R^2 达到 0.836。

表 7-5　市场组织程度对畜产品民间质量声誉的影响模型的拟合情况

N	R^2	Adjusted R^2	F	Sig.
138	0. 892	0. 836	281. 63	0. 000

回归分析的结果如表 7-6 所示。从表 7-6 中可以看出，消费者群体的分化程度与畜产品民间质量声誉的水平存在显著的负相关关系，回归系数为-0. 841（P<0. 001）。

表 7-6　市场组织程度对畜产品民间质量声誉影响的回归分析结果

Variable	B	Std. Error	T	Sig.
截距	0. 261	0. 132	2. 120	0. 017
市场组织程度	-0. 841	0. 016	29. 125	0. 000

第三节　质量合法性的中介作用检验

根据 Baron 和 Kenny（1986）所提出的中介作用检验程序，一个变量成为中介变量必须满足三个条件：①自变量和中介变量分别与因变量的关系显著；②自变量与中介变量的关系显著；③在中介变量进入方程以后，如果自变量与因变量之间关系的显著程度降低，说明中介变量在自变量与因变量之间存在部分中介作用，如果自变量与因变量之间的关系变得不再显著，中介变量在自变量与因变量之间存在完全中介作用。

一、质量合法性在制度环境与畜产品民间质量声誉间的中介作用检验

前文的统计分析表明，畜产品市场的区域分割程度与畜产品民间质量声誉的水平存在显著的负相关关系；畜产品供应商和消费者的制度距

离与畜产品民间质量声誉存在显著的负相关关系。

在此基础上，笔者进一步检验畜产品市场的区域分割程度、畜产品供应商和消费者的制度距离对于质量合法性是否存在显著影响。本书分别通过畜产品市场的区域分割程度、畜产品供应商和消费者的制度距离与质量合法性进行回归来检验。回归分析的结果如表 7-7 所示。回归结果表明，畜产品市场的区域分割程度对于质量合法性有显著的负面影响，回归系数为-0.625（P<0.001）；畜产品供应商和消费者的制度距离对于质量合法性有显著的负面影响，回归系数为-0.581（P<0.001）。

表 7-7 制度环境对质量合法性的回归分析结果

	解释变量			
	模型Ⅰ（畜产品市场的区域分割程度）		模型Ⅱ（畜产品供应商和消费者的制度距离）	
	B	T	B	T
控制变量	—	—	—	—
规模	控制		控制	
畜产品种类	控制		控制	
被解释变量	—	—	—	—
质量合法性	-0.625***	18.286	-0.581***	17.248
R^2	0.479		0.530	
Adjusted R^2	0.437		0.492	
F	11.432		14.024	

注：*** 代表 P<0.01，** 代表 P<0.05，* 代表 P<0.1。

下面笔者进一步分析质量合法性在制度环境与畜产品民间质量声誉水平之间的中介作用。将质量合法性分别进入畜产品市场的区域分割程度、畜产品供应商和消费者的制度距离与畜产品民间质量声誉水平的回归方程。质量合法性在制度环境与畜产品民间质量声誉水平间中介作用的回归分析结果表明（见表 7-8），在加入质量合法性后，畜产品市场的区域分割程度与畜产品民间质量声誉水平间的负相关关系减弱，表明质量合法性在畜产品市场的区域分割程度与畜产品民间质量声誉水平间存在部分中介效应；在加入质量合法性后，畜产品供应商和消费者的制度距离与畜产品民间质量声誉水平间的正相关关系减弱，表明质量合法性在畜产品供应商和消费者的制度距离与畜产品民间质量声誉水平间存在部分中介效应。

表 7-8　质量合法性在制度环境与畜产品质量声誉水平间的中介作用回归分析结果

	被解释变量			
	模型 I（畜产品民间质量声誉水平）		模型 II（畜产品民间质量声誉水平）	
	B	T	B	T
控制变量	—	—	—	—
规模	控制		控制	
畜产品种类	控制		控制	
解释变量	—	—	—	—
质量合法性	0. 157 **	2. 143	0. 136	1. 633
畜产品市场的区域分割程度	0. 3235 *	3. 736	—	—
畜产品供应商和消费者的制度距离	—	—	0. 286 **	4. 152
R^2	0. 532		0. 536	
Adjusted R^2	0. 488		0. 493	
F	12. 576		12. 712	

注：*** 代表 P<0. 01，** 代表 P<0. 05，* 代表 P<0. 1。

质量合法性在畜产品市场的区域分割程度与畜产品民间质量声誉水平间的中介影响如图 7-1 所示。

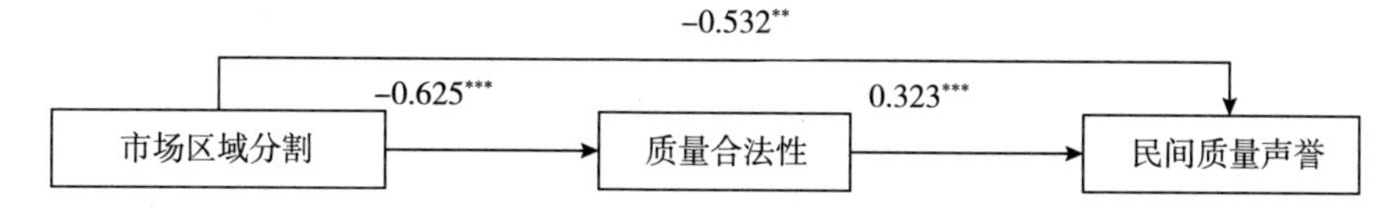

图 7-1　质量合法性在市场区域分割与畜产品质量声誉水平间的中介作用模型

注：*** 代表 P<0. 01，** 代表 P<0. 05，* 代表 P<0. 1。

质量合法性在畜产品供应商和消费者的制度距离与畜产品民间质量声誉水平间的中介影响如图 7-2 所示。

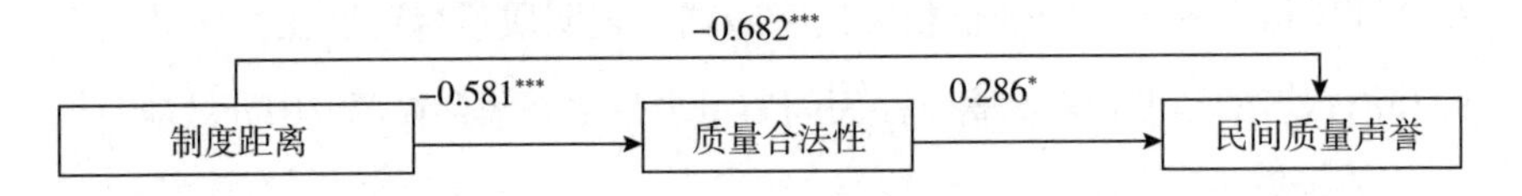

图 7-2　质量合法性在制度距离与畜产品质量声誉水平间的中介作用模型

注：*** 代表 P<0.01，** 代表 P<0.05，* 代表 P<0.1。

二、质量合法性在市场组织程度与畜产品民间质量声誉间的中介作用检验

前文的统计分析表明，消费者群体的分化程度与畜产品民间质量声誉水平存在显著的负相关关系。

基于此，笔者进一步检验消费者群体的分化程度对于质量合法性是否存在显著影响。本书分别通过消费者群体的分化程度与质量合法性进行回归来检验。回归分析的结果如表 7-9 所示。回归结果表明，消费者群体的分化程度对于质量合法性有显著的负面影响，回归系数为-0.387（P<0.05）。

表 7-9　消费者群体的分化对质量合法性的回归分析结果

	解释变量（消费者群体的分化程度）	
	B	T
控制变量	—	—
规模	控制	
畜产品种类	控制	
被解释变量	—	—
质量合法性	-0.387**	9.186
R^2	0.472	
Adjusted R^2	0.431	
F	12.338	

注：*** 代表 P<0.01，** 代表 P<0.05，* 代表 P<0.1。

下面笔者进一步分析质量合法性在消费者群体的分化程度与畜产品民间质量声誉水平之间的中介作用。将质量合法性分别进入消费者群体的分化程度与畜产品民间质量声誉水平的回归方程。质量合法性在消费者群体的分化程度与畜产品民间质量声誉水平间中介作用的回归分析结果表明（见表 7-10），在加入质量合法性后，消费者群体的分化程度与畜产品民间质量声誉水平间的负相关关系减弱，表明质量合法性在消费者群体的分化程度与畜产品民间质量声誉水平间存在部分中介效应。

表 7-10　质量合法性在消费者群体的分化程度与畜产品民间质量声誉间中介影响的回归分析结果

	被解释变量（畜产品民间质量声誉）	
	B	T
控制变量	—	—
规模	控制	
畜产品种类	控制	
解释变量	—	—
质量合法性	0.261 **	1.041
消费者群体的分化程度	-0.529 ***	2.388
R^2	0.632	
Adjusted R^2	0.589	
F	13.715	

注：*** 代表 P<0.01，** 代表 P<0.05，* 代表 P<0.1。

质量合法性在消费者群体的分化程度与畜产品民间质量声誉水平间的中介影响如图 7-3 所示。

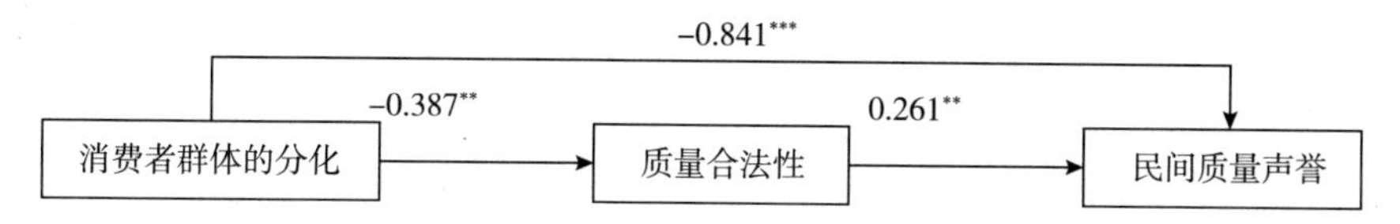

图 7-3　质量合法性在消费者群体的分化程度与畜产品民间质量声誉间的中介作用模型

注：*** 代表 P<0.01，** 代表 P<0.05，* 代表 P<0.1。

第四节 畜产品市场质量符号资源分化的调节效应检验

在本书的假设模型中，笔者提出畜产品市场的质量符号资源分化对制度环境、市场组织程度与消费者感知的畜产品声誉质量之间的关系具有调节作用（Moderating Effects），笔者利用层次回归分析的方法检验这些调节作用是否存在。

一、畜产品市场的质量评价标准数量在制度环境与畜产品声誉质量间的调节效应

本书假设“畜产品市场的质量评价标准数量会负向调节畜产品市场的区域分割程度与畜产品民间质量声誉之间的关系”；假设“畜产品市场的质量评价标准数量会负向调节供应商和消费者的制度距离与畜产品民间质量声誉之间的关系”。运用 SPSS 15.0 统计软件进行层次回归分析，检验畜产品市场的质量评价标准数量对畜产品市场的区域分割程度、供应商和消费者的制度距离、消费者群体的分化程度与畜产品民间质量声誉之间的调节效应。第一步，使畜产品市场的区域分割程度、供应商和消费者的制度距离等自变量以及调节变量畜产品市场的质量评价标准数量进入回归方程，对其与畜产品民间质量声誉进行回归；第二步，为了检验调节效应，使变量“畜产品市场的区域分割程度×畜产品市场的质量评价标准数量”“供应商和消费者的制度距离×畜产品市场的质量评价标准数量”进入回归方程。统计结果如表 7-11 所示。

表 7-11 畜产品市场的质量评价标准数量对制度环境与畜产品民间质量声誉的调节作用

	畜产品民间质量声誉			
	模型Ⅰ		模型Ⅱ	
	B	T	B	T
控制变量	—	—	—	—
规模	控制		控制	
畜产品种类	控制		控制	
主效应	—	—	—	—
畜产品市场的区域分割程度	-0.210*	1.883	-0.412	-2.528
供应商和消费者的制度距离	-0.262***	3.362	-0.723	-2.813
畜产品市场的质量评价标准数量	-0.139***	3.205	0.056	0.239
交互效应	—	—	—	—
畜产品市场的区域分割程度×畜产品市场的质量评价标准数量	—	—	-0.612***	3.471
供应商和消费者的制度距离×畜产品市场的质量评价标准数量	—	—	-0.083	4.718
R^2	0.565		0.534	
Adjusted R^2	0.432		0.519	
F	23.137		22.218	

注：*** 代表 $P<0.01$，** 代表 $P<0.05$，* 代表 $P<0.1$。

对畜产品市场的质量评价标准数量与畜产品市场的区域分割程度、供应商和消费者的制度距离交互作用的回归分析发现：畜产品市场的质量评价标准数量负向调节了畜产品市场的区域分割程度与畜产品民间质量声誉间的负向关系；畜产品市场的质量评价标准数量没有调节供应商和消费者的制度距离与畜产品民间质量声誉间的负向关系。

二、畜产品市场的质量评价标准数量在市场组织程度与畜产品民间声誉质量间的调节效应

本书假设“畜产品市场的质量评价标准数量会负向调节消费者群体的分化程度与畜产品民间质量声誉之间的关系”。运用 SPSS 15.0 统计软件进行层次回归分析，检验消费者群体的分化程度与畜产品民间质量声誉之间的调节效应。第一步，使消费者群体的分化程度等自变量以及调节变量畜产品市场的质量评价标准数量进入回归方程，对其与畜产品民间质量声誉进行回归；第二步，为了检验调节效应，使变量“消费者群体的分化程度×畜产品市场的质量评价标准数量”进入回归方程。统计结果如表 7-12 所示。

表 7-12 畜产品市场的质量评价标准数量对市场组织程度与畜产品民间质量声誉的调节作用

	畜产品民间质量声誉			
	模型Ⅰ		模型Ⅱ	
	B	T	B	T
控制变量	—	—	—	—
规模	控制		控制	
畜产品种类	控制		控制	
主效应	—	—	—	—
消费者群体的分化程度	-0.110*	1.863	-0.352	-2.326
畜产品市场的质量评价标准数量	-0.159***	3.226	-0.056	0.285
交互效应	—	—	—	—
消费者群体的分化程度×畜产品市场的质量评价标准数量	—	—	-0.192***	3.418
R^2	0.671		0.534	
Adjusted R^2	0.546		0.519	
F	28.169		25.227	

注：*** 代表 P<0.01，** 代表 P<0.05，* 代表 P<0.1。

对畜产品市场的质量评价标准数量与消费者群体的分化程度交互作用的回归分析发现：畜产品市场的质量评价标准数量负向调节了消费者群体的分化程度与畜产品质量声誉间的负向关系。

三、畜产品市场的质量评价机构数量在制度环境与畜产品声誉质量间的调节效应

本书假设“畜产品市场的质量评价机构数量会负向调节畜产品市场的区域分割程度与畜产品民间质量声誉之间的关系”；假设“畜产品市场的质量评价机构数量会负向调节供应商和消费者的制度距离与畜产品民间质量声誉之间的关系”。运用 SPSS 15.0 统计软件进行层次回归分析，检验畜产品市场的质量评价机构数量对畜产品市场的区域分割程度、供应商和消费者的制度距离、消费者群体的分化程度与畜产品民间质量声誉之间的调节效应。第一步，使畜产品市场的区域分割程度、供应商和消费者的制度距离等自变量以及调节变量畜产品市场的质量评价标准数量进入回归方程，对其与畜产品民间质量声誉进行回归；第二步，为了检验调节效应，使变量“畜产品市场的区域分割程度×畜产品市场的质量评价机构数量”“供应商和消费者的制度距离×畜产品市场的质量评价机构数量”进入回归方程。统计结果如表 7-13 所示。

表 7-13 畜产品市场的质量评价机构数量对制度环境与畜产品民间质量声誉的调节作用

	畜产品民间质量声誉			
	模型Ⅰ		模型Ⅱ	
	B	T	B	T
控制变量	—	—	—	—
规模	控制		控制	
畜产品种类	控制		控制	
主效应	—	—	—	—
畜产品市场的区域分割程度	-0.310***	2.826	-0.382	-2.629

续表

	畜产品民间质量声誉			
	模型Ⅰ		模型Ⅱ	
	B	T	B	T
供应商和消费者的制度距离	-0.261***	2.132	-0.828	-2.834
畜产品市场的质量评价机构数量	0.239***	3.015	-0.056	0.338
交互效应	—	—	—	—
畜产品市场的区域分割程度×畜产品市场的质量评价机构数量	—	—	0.325***	4.421
供应商和消费者的制度距离×畜产品市场的质量评价机构数量	—	—	0.088	3.568
R^2	0.673		0.642	
Adjusted R^2	0.667		0.629	
F	19.762		21.061	

注：*** 代表 P<0.01，** 代表 P<0.05，* 代表 P<0.1。

对畜产品市场的质量评价机构数量与畜产品市场的区域分割程度、供应商和消费者的制度距离交互作用的回归分析发现：畜产品市场的质量评价机构数量负向调节了畜产品市场的区域分割程度与畜产品民间质量声誉间的负向关系；畜产品市场的质量评价机构数量没有调节供应商和消费者的制度距离与畜产品民间质量声誉间的负向关系。

四、畜产品市场的质量评价机构数量在市场组织程度与畜产品民间声誉质量间的调节效应

本书假设“畜产品市场的质量评价机构数量会负向调节消费者群体的分化程度与畜产品民间质量声誉之间的关系”。运用 SPSS 15.0 统计

软件进行层次回归分析，检验消费者群体的分化程度与畜产品民间质量声誉之间的调节效应。第一步，使消费者群体的分化程度等自变量以及调节变量畜产品市场的质量评价机构数量进入回归方程，对其与畜产品质量声誉进行回归；第二步，为了检验调节效应，使变量“消费者群体的分化程度×畜产品市场的质量评价机构数量”进入回归方程。统计结果如表 7-14 所示。

表 7-14 畜产品市场的质量评价机构数量对市场组织程度与畜产品民间质量声誉的调节作用

	畜产品民间质量声誉			
	模型Ⅰ		模型Ⅱ	
	B	T	B	T
控制变量	—	—	—	—
规模	控制		控制	
畜产品种类	控制		控制	
主效应	—	—	—	—
消费者群体的分化程度	-0.325*	2.123	-0.352	-2.672
畜产品市场的质量评价机构数量	-0.369***	3.316	-0.356	-0.258
交互效应	—	—	—	—
消费者群体的分化程度×畜产品市场的质量评价机构数量	—	—	-0.202***	4.262
R^2	0.767		0.546	
Adjusted R^2	0.743		0.521	
F	36.532		28.018	

注：*** 代表 P<0.01，** 代表 P<0.05，* 代表 P<0.1。

对畜产品市场的质量评价机构数量与消费者群体的分化程度交互作用的回归分析发现：畜产品市场的质量评价机构数量负向调节了消费者

群体的分化程度与畜产品民间质量声誉间的负向关系。

第五节 畜产品市场的民间质量声誉与质量信任关系检验

前文在第五章提出了“畜产品民间质量声誉的水平与畜产品的质量信任存在显著的正向关系”。笔者将大样本调查的数据输入 SPSS 15.0 进行回归分析，回归模型的拟合情况如表 7-15 所示。可以看出模型是显著的，显著性水平为 0.001，同时调整后的 R^2 达到 0.729。

表 7-15 畜产品民间质量声誉对畜产品的质量信任的影响模型的拟合情况

N	R^2	Adjusted R^2	F	Sig.
138	0.729	0.717	152.67	0.000

回归分析的结果如表 7-16 所示。从表 7-16 中可以看出，畜产品民间质量声誉与畜产品的质量信任存在显著的正相关关系，回归系数为 0.846（P<0.001）。

表 7-16 畜产品民间质量声誉对畜产品的质量信任的影响的回归分析结果

Variable	B	Std. Error	T	Sig.
截距	0.238	0.176	1.041	0.210
质量信任	0.846	0.035	32.832	0.000

第六节 实证结果汇总

本章在数据分析的基础上，对畜产品的民间质量声誉的形成机制以及畜产品民间质量声誉对质量信任影响等相关假设进行了实证检验。所有假设及其验证的结果如表 7-17 所示。下一章将对这些分析结果进行具体讨论。

表 7-17　实证结果汇总

序号	假设	验证结果
假设 1	畜产品市场的区域分割程度越大，畜产品民间质量声誉水平越低	支持
假设 2	畜产品供应商和消费者与质量评价中心制度的距离越大，畜产品民间质量声誉水平越低	支持
假设 3	消费者群体的分化程度与畜产品民间质量声誉水平存在显著的负相关关系	支持
假设 4	质量合法性在制度环境与畜产品民间质量声誉之间存在中介作用	支持
假设 5	质量合法性在市场组织程度与畜产品民间质量声誉之间存在中介作用	支持
假设 6a	畜产品市场的质量评价标准数量会负向调节畜产品市场的区域分割程度与畜产品民间质量声誉之间的关系	支持
假设 6b	畜产品市场的质量评价标准数量会负向调节供应商和消费者的制度距离与畜产品民间质量声誉之间的关系	不支持
假设 6c	畜产品市场的质量评价标准数量会负向调节消费者群体的分化程度与畜产品民间质量声誉之间的关系	支持
假设 7a	畜产品市场的质量评价机构数量会负向调节畜产品市场的区域分割程度与畜产品民间质量声誉之间的关系	支持
假设 7b	畜产品市场的质量评价机构数量会负向调节供应商和消费者的制度距离与畜产品民间质量声誉之间的关系	不支持
假设 7c	畜产品市场的质量评价机构数量会负向调节消费者群体的分化程度与畜产品民间质量声誉之间的关系	支持
假设 8	畜产品民间质量声誉的水平与畜产品的质量信任存在显著的正向关系	支持

本章小结

本章运用 SPSS 15. 0 统计软件，对前文提出的理论模型进行假设检验。具体来看有：运用线性回归方法检验了畜产品市场的制度环境、市场组织程度对畜产品民间质量声誉的直接作用；运用分步回归方法检验了质量合法性在畜产品市场的制度环境、市场组织程度对畜产品民间质量声誉生成影响的中介作用；运用层次回归的方法分别检验了畜产品质量符号资源的分化在制度环境、市场组织程度与畜产品民间质量声誉的调节作用；运用线性回归方法检验了畜产品民间质量声誉与畜产品信任间的关系。

第八章　研究结论与对策建议

在数据处理结果的基础上，本章首先对实证研究的结果进行讨论，对各变量间存在的关系进行理论解释，探讨实证分析结果可能的原因。其次，本章讨论了研究结果的理论和现实意义，对如何建构质量合法性，培育消费者感知的质量声誉等问题提出建议，以提升中国的畜产品质量安全。

第一节 理论分析与实证研究的结论

本书引入新制度主义理论，得出了如下理论分析的结论：

(1) 畜产品质量安全不仅是一个客观质量的问题，而且是一个主观评价的过程。畜产品质量安全存在双重二元性，即产品实体层面的质量安全—消费者心理层面的质量安全；官方评价的质量安全—消费者评价的质量安全。

(2) 消费者心理层面的质量安全的实质是消费者对畜产品的不信任，这是影响我国畜牧业发展的关键因素。畜产品供应商的制度分离行为、官方媒介与质量评价机构的夸大或选择性宣传、中国社会信任文化的缺失是造成消费者心理层面的质量不安全的主要原因。

(3) 当前，我国畜产品市场的制度环境存在制度分割现象，畜产品供应商与消费者面临着不同的制度环境。在畜产品市场的组织场域中，畜产品供应商与消费者存在非常大的权力差距，这是畜产品供应商比消费者离质量评价中心制度更近的重要原因。

(4) 我国畜产品市场的质量评价制度存在正式制度与非正式制度的巨大冲突。

(5) 畜产品市场存在畜产品质量的二元声誉现象，即官方声誉与民间声誉。畜产品供应商没有获得消费者赋予的合法性是导致民间声誉不高的重要原因。

(6) 畜产品市场的制度环境和市场的组织程度是影响民间声誉建立的重要前因变量。民间声誉的建立有助于获得消费者的信任，即建立消费者心理层面的质量安全。

在理论分析的基础上，建构了消费者感知的质量声誉形成机制模型以及民间质量声誉与质量信任之间关系的两个模型，经过实证检验研究，本书得出了以下主要结论：①畜产品市场的区域分割程度与畜产品民间质量声誉形成存在显著的负相关关系，回归系数为-0.532（P<0.001）；②畜产品供应商和消费者的制度距离与畜产品民间质量声誉存在显著的负相关关系，回归系数为-0.682（P<0.001）；③消费者群体的分化程度与畜产品民间质量声誉水平存在显著的负相关关系，回归系数为-0.841（P<0.001）；④质量合法性在畜产品市场的区域分割程度与畜产品民间质量声誉水平间存在部分中介效应；⑤质量合法性在畜产品供应商和消费者的制度距离与畜产品民间质量声誉水平间存在部分中介效应；⑥质量合法性在消费者群体的分化程度与畜产品民间质量声誉水平间存在部分中介效应；⑦畜产品市场的质量评价标准数量负向调节了畜产品市场的区域分割程度与畜产品质量声誉间的负向关系；⑧畜产品市场的质量评价标准数量没有调节供应商和消费者的制度距离与畜产品质量声誉间的负向关系；⑨畜产品市场的质量评价标准数量负向调节了消费者群体的分化程度与畜产品质量声誉间的负向关系；⑩畜产品市场的质量评价机构数量调节了畜产品市场的区域分割程度与畜产品质量声誉间的负向关系；⑪畜产品市场的质量评价机构数量没有调节供应商和消费者的制度距离与畜产品质量声誉间的负向关系；⑫畜产品市场的质量评价机构数量负向调节了消费者群体的分化程度与畜产品质量声誉间的负向关系；⑬畜产品民间质量声誉与畜产品的质量信任存在显著的正相关关系，回归系数为0.846（P<0.001）。

第二节 管理启示与对策建议

前文的理论分析和实证研究为政府、畜产品供应商提高畜产品质量安全，提升消费者的畜产品消费信心提供了启示和建议。

一、认知畜产品质量安全的二元性，重视消费者心理层面的质量安全

政府和畜产品供应商应该认识到，畜产品质量安全不仅是一个客观质量的问题，而且是一个主观评价的过程。从畜产品质量安全的来源看，畜产品质量安全有产品实体层面的质量安全和消费者心理层面的质量安全之分。从畜产品质量安全的评价主体来看，畜产品质量安全有官方评价的质量安全和消费者评价的质量安全之分。当前，消费者认为畜产品质量不高，但供应商认为畜产品的质量很高。因此，制约我国畜产品发展的畜产品质量安全主要是消费者心理层面的质量不安全感知。

这就为政府和畜产品供应商改善畜产品质量安全问题提供了启发，即不应片面强调产品实体层面的质量安全，而应重视消费者心理层面的质量安全。在当前消费者和社会公众排斥任何形式的质量宣传和说教的情况下，畜产品供应商应"少说多做"，或者让消费者信任的机构来为自己的产品进行质量宣传。为此，一是加强品质管理，减少质量安全事故发生的概率；二是引入国外的质量认证，通过国外的权威机构来说明自己产品的质量。

二、改善畜产品市场的制度环境

畜产品市场的制度环境可从以下多个方面着手进行改善：

(1) 打破畜产品市场的区域分割，建设统一的畜产品市场。市场分割有其深厚的体制根源和经济社会根源。当前畜产品市场区域分割的主要特征是限制竞争者进入，垄断特征凸显。党的十八届三中全会通过的《中共中央关于全面深化改革若干重大问题的决定》（以下简称《决定》）在总结经验的基础上明确指出，要建设统一开放、竞争有序的市场体系。结合《决定》，我们认为，建设统一的畜产品市场需要从多

方面着手。第一，科学界定政府和市场的关系，有效约束政府行为。加快政府职能转变，约束政府过度干预行为，尊重企业的自主选择权，促进各种要素在区域间的自由流动。第二，建设透明统一公正可预见的法律体系，消除各类歧视政策。这些年来，我国有关抑制地区封锁的法律条款散见于《反垄断法》《反不正当竞争法》和一些行政性法规中，系统性较差，规定过于粗放，缺乏对各种地方保护行为的界定，对地区封锁的行为处罚力度不够。第三，消除各种地方保护行为，打破地区封锁和行业垄断。目前，国家已研究制定了《消除地区封锁打破行业垄断工作方案》，下一步就是要落实这一方案。要从解决突出问题入手，加快完善畜牧业的相关法律法规，健全规章、规范性文件的备案审查制度；建立地区封锁和行业垄断行政行为的审查撤销机制，并将此项工作纳入政府绩效考核体系；鼓励企业和公众举报地区封锁、行业垄断行为，畅通举报投诉渠道，完善举报投诉查处机制，提高社会监督效力。

（2）搭建权威的畜产品质量评价体系，防止畜产品质量符号资源的分化。我国应尽快新建或整合形成畜产品质量评价的权威机构，这个机构应定位为一个非营利性机构，由国家全额拨款，减少畜产品供应商对其的影响力。此外，我国应充分考虑国际的畜产品质量评价标准，建立统一、权威的畜产品质量评价标准。由于肉制品的分类没有奶制品分类那么细，导致肉制品供应商没有奶制品企业那么重视声誉的建设。因此，在未来，应对肉制品进行更细的分类，做好肉制品种类标准的规范与推广工作。

（3）提高畜产品市场消费者的组织程度。一个领域所处环境的组织程度对其声誉制度有直接关系。在畜产品市场，如果评判者是毫无组织的顾客大众，那么这一领域将难以出现一个稳定统一的声誉市场。反之，如果评判者是高度组织起来了的评论家队伍，那么就很有可能出现一个稳定统一的声誉市场。因此，在畜产品市场，如果有一个高度组织起来的评论队伍，我们可以预测这个领域中更可能出现一个稳定统一的声誉市场和等级制度。因此，我们可以成立各种畜产品的消费者组织。

（4）缩小畜产品供应商与消费者之间的制度距离。在制定、调整畜产品质量评价标准以及质量监管法律法规时，应该广为宣传，呼吁消费者积极参与其中。同时，减少畜产品供应商对质量监管法律法规制定的影响。

三、塑造畜产品的质量合法性

合法性是环境要素的函数，合法性是动态、规范和认知的。在畜产品的生产经营过程中，畜产品供应商应该对组织合法性开展针对性的管理。Ashforth 和 Gibbs（1990）的研究就发现，组织合法化行动如果使用不当，最终可能适得其反。因此，组织的合法化管理需要把握一些策略和技巧。我们认为，畜产品供应商应从以下两个方面来塑造畜产品的质量合法性：

（1）重视合法性对畜产品质量安全的重要影响。畜产品供应商应该努力去了解社会公众认可、评价畜产品质量的标准，然后针对这些标准，改善生产经营的流程，优化与社会公众沟通的方法，消除社会公众的疑惑，进而获得社会公众的认可，塑造畜产品质量的合法性。

（2）识别和平衡合法性来源，针对不同的合法性采用差异化的策略。当前，我国畜产品规制合法性的来源是我国的畜产品质量法律法规，但是，规范合法性的来源是国际质量标准，而不是国内的质量标准。认知合法性的来源也是国际的质量安全规则。因此，畜产品供应商应该认识到社会公众是用国际质量标准，而非国内的质量法律法规来评价畜产品的质量。这就要求畜产品供应商在管理规范合法性、认知合法性时要与管理规制合法性有所区别。这可能表现在规范合法性和认知合法性的管理应更强调与社会公众进行沟通，让社会公众认识到中国的畜产品其实没有想象的那么不安全，而不是去操纵舆论，试图改变公众对畜产品质量的看法，畜产品质量评价的标准、法律法规等。

四、培植一批畜产品龙头企业，加强监管

我国应加快培植一批畜产品龙头企业，发挥其在畜产品声誉建设中的先导作用与溢出作用。在缺乏品质认证的情况下，畜产品供应商致力于高质量产品的行为常常是无法直接观察到的。此时，如果在区域市场中，存在高地位的公司，那么，其他公司可以通过与高地位的公司建立关系来发出信号表明自己产品的质量。

在畜产品市场中，龙头企业可以与为之配套的企业、农场成为网络组织，配套企业通过与龙头企业建立关系来消除消费者对其产品质量的疑惑，从而获得了龙头企业质量声誉的溢出作用。一旦形成这种格局，龙头企业的市场竞争地位将更为巩固，从而优化了畜产品行业的产业组织结构。这是因为，在市场竞争中，一个公司的社会网络地位反映了同一领域中人们公认的等级制度，具有重要的信号功能。因此，社会关系网络以及组织在这一网络中的地位能为企业带来竞争优势。这是因为：第一，一个组织的网络提高了它的知名度，从而降低了广告费用；第二，一个组织的高地位使其他组织愿意与之开展业务往来，促进了它与其他组织的资源交往，从而提高了它的竞争优势。因此，龙头企业基于这种地位基础上的竞争优势又强化了畜牧业中稳定的等级制度，使畜牧业的产业组织结构更为合理。

此外，加强对龙头企业的监管，防止龙头企业的制度分离行为，降低龙头企业对畜产品质量评价制度形成与执法过程中的操纵与干扰。建议制定相应的法规来防止此类行为。

参考文献

[1] Akerlof, George A. The Market for "Lemons": Quality Uncertainty and the Market Mechannism [J]. Quarterly Journal of Economics, 1970, 84 (3): 488-500.

[2] Aldrich H. E., C. M. Fiol. Fools Rush ln? The Institutional Context of Industry Creation [J]. Academy of Management Review, 1994, 19 (4): 545-670.

[3] Antle, John M. Efficient Food Safety Regulation in the Food Manufacturing Sector [J]. American Journal of Agricultural Economics, 1996, 78 (5): 1242.

[4] Arpanutud P., Charoensupaya A., Keeratipibul S., et al. Factors Influencing Food Safety Management System Adoption in Thai Food-manufacturing Firms [J]. British Food Journal, 2009, 111 (4): 364-375.

[5] Ashforth, B. E., Barrie W. Gibbs. The Double-Edge of Organizational Legitimation [J]. Organization Science, 1990, 1 (2): 177-194.

[6] Bae J. H., Salomon R. M. Institutional Distance in International Business Research [J]. Advances in International Management, 2010, 23: 327-349.

[7] Bansal P., Clell, I.. Talking Trash: Legitimacy, Impression Management, and Unsystematic Risk in the Context of the Natural Environment [J]. Academy of Management Journal, 2004, 47 (1): 93-103.

[8] Bartlett J. E., Kotrlik J. W., Higgins C. C.. Organizational Research: Determine Appropriate Sample Size in Survey Research [J]. Informa-

tion Technology Learning, and Performance Journal, 2001, 19 (1): 43-50.

[9] Busenitz L. W., Gómez C., Spencer J. W. Country Institutional Profiles: Unlocking Entrepreneurial Phenomena. [J]. Academy of Management Journal, 2000, 43 (5): 994-1003.

[10] Caswell J. A., Mojduszka E. M. Using Informational Labeling to Influence the Market for Quality in Food Products [J]. Working Papers, 1996, 78 (5): 1248-1253.

[11] Colditz I. G., Hennessy D. W. Associations between Immune System, Growth and Carcass Variables in Cattle. [J]. Australian Journal of Experimental Agriculture, 2001, 41 (7): 1051-1056.

[12] Dacin M. Tina, Jerry Goodstein, W. Richard Scott. Institutional Theory and Institutional Change: Introduction to the Special Research Forum [J]. Academy of Management Journal, 2002 (45): 45-54.

[13] Das T. K., Teng B. S. Relational Risk and Its Personal Correlates in Strategic Alliances [J]. Journal of Business & Psychology, 2001, 15 (3): 449-465.

[14] Dean D. H.. Consumer Perception of Corporate Donations Effects of Company Reputation for Social Responsibility and Type of Donation [J]. Journal of Advertising, 2003, 32 (4): 91-102.

[15] Deephouse D. L., Carter S. M. An Examination of Differences between Organizational Legitimacy and Organizational Reputation [J]. Journal of Management Studies, 2005, 42 (2): 329-360.

[16] Deephouse D. L. Media Reputation as a Strategic Resource: An Integration of Mass Communication and Resource-Based Theories [J]. Journal of Management, 2000, 26 (6): 1091-1112.

[17] Derick W. Brinkerhoff, Organizational Legitimacy, Capacity, and Capacity Development. Public Management Research Association 8th Re-

search Conference, University of Southern California, 2005.

[18] Derick W. Brinkerhoff. Organizational Legitimacy, Capacity, and Capacity Development [D]. Washington DC: Gerge Washington University, 2005.

[19] DiMaggio P. J., Powell W. W. The Iron Cage Revisited: Institutional Iso-Mor phism and Collective Rat Ionality in Organizational Fields [J]. American Sociological Review, 1983 (48): 147-160.

[20] Elsbach K. D. Managing Organizational Legitimacy in the California Cattle Industry: The Construction and Effectiveness of Verbal Accounts [J]. Administrative Science Quarterly, 1994, 39 (1): 57-88.

[21] Fombrun C., Shanley M. What's in a Name? Reputation Building and Corporate Strategy [J]. Academy of Management Journal, 1990, 33 (2): 233-258.

[22] Gaur A., Lu J. Ownership Strategies and Subsidiary Performance: Impacts of Institutional Distance and Experience [J]. Social Science Electronic Publishing, 2007.

[23] Gay L. R.. Educational Research: Competencies for Analysis and Application [M]. New York: Merrill Prentice Hall, 1992.

[24] Gilmer, David, Hobbs, et al. Method for Forming a Dual Gate Oxide Device Using a Metal Oxide and Resulting Device [J]. IP Monitor Professional, 2004 (3): 14-26.

[25] Goulet V., Pouliot L. P. Simulation of Compound Hierarchical Models in R [J]. North American Actuarial Journal, 2008, 12 (4): 401-412.

[26] Granovetter M., Swedberg R., The Sociology of Economic Life [M]. Boulder: Westview, 1992.

[27] Granovetter M. Economic Action and Social Structure: The Problem of Embeddedness [J]. American Journal of Sociology, 1985 (91): 481-510.

[28] Grewal. Rajdeep, Ravi Dharwadkar. The Role of the Institutional

Environment in Marketing Channels [J]. Journal of Marketing, 2002, 66 (3): 82-97.

[29] Grossman S. J.. The Information Role of Warranties and Private Disclosure about Product Quality [J]. Journal of Law and Economics, 1981 (24): 461-483.

[30] Guido Palazzo, Andreas Georg Scherer. Corporate Legitimacy as Deliberation: A Communicative Framework [J]. Joumal of Business Ethics, 2006, 66 (1): 71-88.

[31] Hayne E. Leland. Quacks, Lemons, and Licensing: A Theory of Minimum Quality Standards [J]. Journal of Political Economy, 1979, 87 (6): 1328-1346.

[32] Henisz W. J, Zelner B. A.. Ligitimacy Interest Group Pressures and Change in Emergent Institutions: The Case of Foreign Investors and Host Country Governments [J]. Academy of Management Review, 2005, 30 (2): 361-382.

[33] Hennessy. Chemo/Radiation and Surgery Versus Surgery for Oesophageal Cancer [J]. Journal of Bronchology & Interventional Pulmonology, 1996, 3 (4): 341.

[34] Heugens P., Riel C., Bosch F. Reputation Management Capabilities as Decision Rules [J]. Journal of Management Studies, 2004, 41 (8): 1349-1377.

[35] Hybels R. C.. On Legitimacy, Legitimation, and Organizations: A Critical Review and Integrative Theoretical Model [J]. Academy of Management Journal, Special Issue: Best Papers Proceedings, 1995: 241-245.

[36] Jayasinghemudalige U. K., Henson S. Economic Incentives for Firms to Implement Enhanced Food Safety Controls: Case of the Canadian Red Meat and Poultry Processing Sector [J]. Review of Agricultural Econom-

ics, 2006, 28 (4): 494-514.

[37] Kapferer J. N., Laurent G.. La Sensibilité aux Marques [M]. Paris: Fondation Jour de France Pour la Recherche Enpublicité, 1983.

[38] Keiichi Yamada. Management and Stragegy of Legitimacy and Reputation: Conceptual Frameworks and Methodology [C]. International Conference on Business and Information, 2008.

[39] Levin M. Cross-Boundary Learning Systems—Integrating Universities, Corporations, and Governmental Institutions in Knowledge Generating Systems [J]. Systemic Practice & Action Research, 2004, 17 (3): 151-159.

[40] Lewicki R. J., Bunkerk B. B. Trust in Relationship: A Model of Development and Decline [M]. San Francisco: Jossey-Bass Publishers, 1995.

[41] Loureiro M. L., Umberger W. J. A Choice Experiment Model for Beef: What US Consumer Responses Tell us about Relative Preferences for Food Safety, Country-of-origin Labeling and Traceability [J]. Food Policy, 2007, 32 (4): 496-514.

[42] Mailath G. J., Samuelson L. Erratum: Who Wants a Good Reputation? [J]. Review of Economic Studies, 2001, 68 (3): 717-717.

[43] Marchac V., Maze C., Leeuwin G., et al. Prise en Charge Infirmière des Enfants Atteints de Coqueluche [J]. Revue Française Dallergologie Et Dimmunologie Clinique, 2001, 41 (7): 664-668.

[44] Martinez S. W., Zefing K.. Pork Quality and the Role of Market Organization [EB/OL]. United States Department. of Agriculture. Agricultural Economic Report Numbet 835, October 2004. Electronic Report from the Economic Research Service.

[45] Matthew V. Tilling. Refinements to Legitimacy Theory in Social and Environmental Accounting [R]. Commerce Research Paper Series, 2006.

[46] Mayer R. C., Davis J. H., Schoorman F. D. An Integrative Model

of Organizational Trust [J]. Academy of Management Review, 1995, 20 (3): 709-734.

[47] Menger W., Menger D., Menger H. Effect of Sauna Baths on Respiratory Function in Children with Asthma Syndrome [J]. Praxis und Klinik der Pneumologie, 1983, 37 (8): 304.

[48] Meyer J. W., Rowan B.. Institutionalized Organizations: Formal Structure as Myth and Ceremony [J]. American Journal of Sociology, 1977 (83): 340-363.

[49] Mike W. Peng, Sunny Li Sun, Brian Pinkham, Hao Chen. The Institution-based View as a Third Leg for a Strategy Tripod [J]. Academy of Management Perspectives, 2009, 23 (4): 63-81.

[50] Mike W. Peng, Yi Jiang. Institutions Behind Family Ownership and Control in Large Firms [J]. Journal of Management Study, 2010, 47 (2): 253-272.

[51] Milgrom P., Roberts J. Limit Pricing and Entry under Incomplete Information: An Equilibrium Analysis [J]. Econometrica, 1982, 50 (2): 443-459.

[52] Mills R. M., Hobbs R. E., Young J. B. "BNP" for Heart Failure: Role of Nesiritide in Cardiovascular Therapeutics [J]. Congestive Heart Failure (Greenwich, Conn.), 2002, 8 (5): 270-273.

[53] Moore, Villarini G., Mandapaka P. V., Krajewski W. F., et al. Rainfall and Sampling Uncertainties: A Rain Gauge Perspective [J]. Journal of Geophysical Research, 2008.

[54] Nee V. Organizational Dynamics of Market Transition: Hybrid Forms, Property Rights, and Mixed Economy in China [J]. Administrative Science Quarterly, 1992, 37 (1): 1-27.

[55] Noorderhaven N G. Opportunism and Trust in Transaction Cost E-

conomics [M] //Gnoenewejen J. (ed.) . Transaction Cost Economics and Beyoud. Norwell: Kluwe Academic Publishrs, 1996: 105-128.

[56] Oliver C. Strategic Responses to Institutional Processes [J]. A-cademy of Management Review, 1991, 16 (1): 145-179.

[57] Peeters F., Straile D., Lorke A. Turbulent Mixing and Phyto-plankton Spring Bloom Development in a Deep Lake [J]. Limnology & Ocea-nography, 2007, 52 (1): 286-298.

[58] Richards S. L., Lord C. C., Pesko K., et al. Environmental and Biological Factors Influencing Culex pipiens Quinquefasciatus Say (Diptera: Cu-licidae) Vector Competence for Saint Louis Encephalitis Virus [J]. American Journal of Tropical Medicine & Hygiene, 2009, 81 (2): 264-272.

[59] Ruef M., Scott W. R. A Multidimensional Model of Organizational Legitimacy: Hospital Survival in Changing Institutional Environments [J]. Administrative Science Quarterly, 1998, 43 (4): 877-904.

[60] Samantha Evans. Legitimacy in Charity Regulation, 2005.

[61] Scott W. Richard. Institutional Theory [A] . George Ritzer, (eds.) Encyclopedia of Social Theory. Thousand Oaks, CA: Sage, 2004: 408-414.

[62] Scott W. Richard. Institutions and Organizations [M]. Sage Publi-cations, 1995.

[63] Scott W. Richard. The Adolescence of Institutional Theory [J]. Administrative Science Quarterly, 1987, 32 (4): 493-511.

[64] Scott W. R.. Institutions and Organizations: Ideas and Interests [M]. London: Sage Publications, 2007.

[65] Scott W. R.. Institutions and Organizations [M]. Thou Sand Oaks, CA: Sage Publications, 1995.

[66] Scott. W. Richard. Reflections on a Half-century of Organizational Sociology [J]. Review of Sociology, 2004, 30 (1): 1-21.

[67] Shapiro C.. Premiums for High Quality Product s as Returns to Reputations [J]. Quarterly Journal of Economics, 1983 (98): 659-680.

[68] Starbird S. A., Amanor-Boadu V. SSRN-Contract Selectivity, Food Safety, and Traceability [J]. Nephron Clinical Practice, 2007, 5 (1).

[69] Stein D., Dube L., Palriwala R., et al. Structures and Strategies: Women, Work, and Family [J]. Pacific Affairs, 1991.

[70] Suchman Mark. Managing Legitimacy: Strategic and Institutional Approaches [J]. Academy of Management Review, 1995, 20 (3): 571-610.

[71] S. Trevis Certo, Frank Hodge. Top Management Team Prestige and Organizational Legitimacy [J]. Journal of Managerial Issues, 2008 (4): 461-477.

[72] Tunçeli A., Bağ H., Rehber A. Türker. Spectrophotometric Determination of Some Pesticides in Water Samples after Preconcentration with Saccharomyces Cerevisiae Immobilized on Sepiolite [J]. Fresenius Journal of Analytical Chemistry, 2001, 371 (8): 1134-1138.

[73] Tushman M. L., P. Anderson. Technological Discontinuities and Organizational Environments [J]. Administrative Science Quarterly, 1986 (31): 439-465.

[74] Vijayarangan S., Ganesan N. Static Stress Analysis of a Composite Bevel Gear Using a Three-dimensional Finite Element Method [J]. Computers & Structures, 1994, 51 (6): 771-783.

[75] Weaver K. The Starburst/AGN Connection and Outflows [C]. Two Years of Science with Chandra, 2001.

[76] Weick K. E.. Management of Organizational Change among Loosely Coupled Elements [J]. Change in Organizations: New Perspectives on Theory, Research and Practice, 1982: 375-408.

[77] Woerkum C. M. J. V., Lieshout I. M. V. Reputation Management in Agro-food Industries: Safety First [J]. British Food Journal, 2008, 109 (5): 355-366.

[78] Zahra S. A. Privatization and Entrepreneurial Transformation: Emerging Issues and a Future Research Agenda [J]. Academy of Management Review, 2000, 25 (25): 509-524.

[79] Zhang H. F., Zhai M. G., Zhongfu H. E. Petrogenesis and Implications of the Sodium-rich Granites from the Kunyushan Complex, Eastern Shandong Province [J]. Acta Petrologica Sinica, 2004, 20 (3): 369-380.

[80] Zhuang G. J., Nan Zhou. The Relationship between Power and Dependence in Marketing Channels: A Chinese Perspective. European Journal of Marketing, 2004, 38 (5/6): 675-693.

[81] 安玉莲，孙世民，夏兆敏．国外畜产品质量控制的措施与启示 [J]．中国农业资源与区划，2017，38 (3)：231-236.

[82] 彼得·什托姆普卡．信任：一种社会学理论 [M]．程胜利译．北京：中华书局，2005.

[83] 蔡洪滨，张琥，严旭阳．中国企业信誉缺失的理论分析 [J]．经济研究，2006 (9)：85-93，102.

[84] 道格拉斯·诺思．制度、制度变迁与经济绩效 [M]．杭行译．上海：格致出版社，2008.

[85] 樊孝凤．我国生鲜蔬菜质量安全治理的逆向选择研究——基于产品质量声誉理论的分析 [D]．武汉：华中农业大学博士学位论文，2007.

[86] 冯忠泽，李庆江．消费者农产品质量安全认知及影响因素分析——基于全国7省9市的实证分析 [J]．中国农村经济，2008 (1)：23-29.

[87] 郭毅，罗家德．社会资本和管理学 [M]．上海：华东理工大

学出版社，2007.

[88] 郭毅，於国强．寻求企业持续竞争优势的源泉——组织场域观下的战略决策分析 [J]．管理学报，2005（6）：696-705.

[89] 哈贝马斯．合法化危机 [M]．刘北龙，曹卫东译．上海：上海人民出版社，2000.

[90] 哈耶克．法律、立法与自由（第一卷）[M]．邓正来，张宋东，李静冰译．北京：中国大百科全书出版社，2000.

[91] 胡定寰，Gale Fred，Reardon Thomas. 试论“超市+农产品加工企业+农户”新模式 [J]．农业经济问题，2006（1）：36-39.

[92] 胡仕勇．制度嵌入性：制度形成的社会学解读 [J]．理论月刊，2013（3）：157-160.

[93] 黄玖立，李坤望．对外贸易、地方保护和中国的产业布局 [J]．经济学（季刊），2006，5（2）：733-760.

[94] 黄祖辉，王敏，万广华．我国居民收入不平等问题：基于转移性收入角度的分析 [J]．管理世界，2003（3）：70-75.

[95] 江应松，李慧明．农产品质量安全难题的制度破解 [J]．现代财经，天津财经学院学报，2007（9）：68-71.

[96] 李恒．制度分割、产业集群与跨国公司区位 [J]．国际贸易问题，2005（3）：94-99.

[97] 李文政，杨高杰，徐飞．影响畜产品质量安全的因素分析及对策探究 [J]．湖北畜牧兽医，2016，37（2）：61-62.

[98] 林南．社会资本：关于社会结构与行动的理论 [M]．张磊译．上海：上海人民出版社，2005.

[99] 刘万兆，王春平．基于供应链视角的猪肉质量安全研究 [J]．农业经济，2013（4）：119-121.

[100] 吕志轩．农产品供应链与农户一体化组织引导：浙江个案 [J]．改革，2008（3）：53-57.

［101］彭建仿．供应链协同制度变迁下的农产品质量安全［J］．华南农业大学学报（社会科学版），2011（2）：33-40.

［102］彭玉珊，张园园．政府与畜产品供应链质量控制的演化博弈仿真分析［J］．山东农业大学学报（社会科学版），2017，19（4）：30-36，143-144.

［103］皮建才．中国地方政府间竞争下的区域市场整合［J］．经济研究，2008（3）：115-124.

［104］沙鸣，刘书兵．基于内外部监管的畜产品质量控制体系探析［J］．经济动态与评论，2018（2）：133-145，181-182.

［105］沙鸣，孙世民．供应链环境下猪肉质量链链节点的重要程度分析——山东等16省（市）1156份问卷调查数据［J］．中国农村经济，2011（9）：49-59.

［106］寿志钢，苏晨汀，周晨．商业圈子中的信任与机会主义行为［J］．经济管理，2007（11）：68-72.

［107］孙世民，张园园，彭玉珊．基于生产与监管的畜产品质量控制机制研究［J］．农业经济问题，2016，37（5）：32-39，110-111.

［108］孙世民．基于质量安全的优质猪肉供应链建设与管理探讨［J］．农业经济问题，2006（4）：70-74.

［109］田凯．组织外形化：非协调约束下的组织运作——一个研究中国慈善组织与政府关系的理论框架［J］．社会学研究，2004（4）：64-75.

［110］田茂利，杨甦宏，德米特勒·基马．论创业企业合法性及其印象管理策略［J］．企业经济，2009（1）：59-61.

［111］王定祥，冉光和．畜产品质量安全管理的国际比较研究［J］．农业经济问题，2003（11）：66-70.

［112］王可山，田颖莉．德国畜产品质量安全管理体系及其借鉴［J］．世界农业，2006（12）：16-18.

［113］王绍光，刘欣．信任的基础——一种理性的解释［J］．社会

学研究，2002（3）：23-39.

[114] 王秀清，孙云峰. 我国食品市场上的质量信号问题 [J]. 中国农村经济，2002（5）：27-32.

[115] 王瑜等. 垂直协作与农户质量控制行为研究 [D]. 南京农业大学博士学位论文，2008.

[116] 卫龙宝，卢光明. 农业专业合作组织实施农产品质量控制的运作机制探析——以浙江省部分农业专业合作组织为例 [J]. 中国农村经济，2004（7）：36-40.

[117] 温忠麟，侯杰泰，张雷. 调节效应与中介效应的比较和应用 [J]. 心理学报，2005，37（2）：268-274.

[118] 沃尔特·W. 鲍威尔，保罗·J. 迪马吉奥. 组织分析的新制度主义视野 [M]. 姚伟译. 上海：上海人民出版社，2008.

[119] 吴福顺，殷格非. 蓬勃发展的企业社会责任运动 [J]. WTO经济导刊，2006（6）：94-95.

[120] 吴秀敏. 我国猪肉质量安全管理体系研究——基于四川消费者、生产者行为的实证分析 [D]. 浙江大学博士学位论文，2006.

[121] 谢瑜. 食品安全规制研究的理论动因及规制实践——基于信息不对称理论的分析 [J]. 时代经贸旬刊，2008，6（S2）：44-45.

[122] 徐现祥，王贤彬，舒元. 地方官员与经济增长——来自中国省长、省委书记交流的证据 [J]. 经济研究，2007（9）：18-31.

[123] 薛有志，刘鑫. 国外制度距离研究现状探析与未来展望 [J]. 外国经济与管理，2013（3）：28-36.

[124] 闫强. 我国畜产品质量安全或隐患与对策 [J]. 中国动物保健，2017，19（12）：31-32.

[125] 阎大颖. 制度距离，国际经验与中国企业海外并购的成败问题研究 [J]. 南开管理评论，2011（5）：75-97.

[126] 叶初升，孙永平. 信任问题经济学研究的最新进展与实践启

示［J］. 国外社会科学，2005（3）：9-16.

［127］余津津. 现代西方声誉理论述评［J］. 当代财经，2003（11）：18-22.

［128］翟立宏，付巍伟. 声誉理论研究最新进展［J］. 经济学动态，2012（1）：113-118.

［129］张钢，张东芳. 供应商网络中的信任分析——以浙江省汽车零配件企业为例［J］. 管理科学学报，2008（2）：133-142.

［130］张颖伦. 从信息不对称理论看食品行业的政府质量规制［J］. 电子科技大学学报（社会科学版），2011（5）：15-23.

［131］张玉利，杜国臣. 创业的合法性悖论［J］. 中国软科学，2007（10）：47-58.

［132］张园园，吴强，孙世民. 供应链环境下畜产品质量安全的政府监管机制研究［J］. 农村经济，2018（4）：29-34.

［133］张云华，马九杰，孔祥智等. 农户采用无公害和绿色农药行为的影响因素分析——对山西、陕西和山东 15 县（市）的实证分析［J］. 中国农村经济，2004（1）：41-49.

［134］赵建欣，张晓凤. 交易方式对安全农产品供给影响的实证分析——基于河北定州和浙江临海菜农的调查［J］. 安徽行政学院学报，2008，24（3）：25-27.

［135］赵卓，于冷. 农产品质量分级的微观经济学分析——国内外文献综述［J］. 中国农村观察，2008（4）：73-79.

［136］周德翼，杨海娟. 食物质量安全管理中的信息不对称与政府监管机制［J］. 中国农村经济，2002（6）：29-35.

［137］周洁红，陈晓莉，刘清宇. 猪肉屠宰加工企业实施质量安全追溯的行为、绩效及政策选择——基于浙江的实证分析［J］. 农业技术经济，2012（8）：29-37.

［138］周洁红，钟勇杰. 美国蔬菜质量安全管理体系及对中国的政

策启示［J］. 世界农业，2006（1）：39-42.

［139］周黎安．晋升博弈中政府官员的激励与合作——兼论我国地方保护主义和重复建设问题长期存在的原因［J］. 经济研究，2004（6）：33-40.

［140］周雪光．组织社会学十讲［M］. 北京：社会科学文献出版社，2003.

［141］周应恒，王晓晴，耿献辉．消费者对加贴信息可追溯标签牛肉的购买行为分析——基于上海市家乐福超市的调查［J］. 中国农村经济，2008（5）：22-32.

［142］朱国宏．经济社会学［M］. 上海：复旦大学出版社，2003.

［143］朱文涛，孔祥智．以宁夏枸杞为例探讨契约及相关因素对中药材质量安全的影响［J］. 中国药房，2008，19（21）：1601-1603.

［144］邹传彪，王秀清．小规模分散经营情况下的农产品质量信号问题［J］. 科技和产业，2004，4（8）：6-11.

附录1　企业问卷

畜产品质量安全的调查问卷

尊敬的先生/女士：

您好！

这是一份来自中国社会科学院的纯学术性问卷，主要目的致力于了解畜产品的质量安全以及畜产品供应商（包括畜产品生产和销售企业）的声誉情况。烦请您在百忙之中抽空完成。您的意见并无对错之分，仅供我们学术研究之用，我们保证不向任何第三方公布，敬请放心！

衷心感谢您的支持，在此致以诚挚的谢意，并祝工作顺利，心想事成！

1. 贵公司生产或销售的主要畜产品是(　　)。

A. 猪肉　　B. 牛肉　　C. 鸡肉　　D. 牛奶　　E. 羊肉　　F. 其他

2. 该畜产品的种类数有多少？(　　)

A. 1 种　　B. 2~3 种　　C. 4~5 种　　D. 6~7 种　　E. 7 种以上

3. 在国家层面，该畜产品市场的质量评价标准有多少种？(　　)

A. 1 种　　B. 2~3 种　　C. 4~5 种　　D. 6~7 种　　E. 7 种以上

4. 在国家层面，该畜产品的重要质量评价机构（包括评级、评价与认证机构）有多少家？(　　)

A. 1 家　　B. 2~3 家　　C. 4~5 家　　D. 6~7 家　　E. 7 家以上

5. 下面关于该畜产品生产或销售情况的描述，请根据贵公司的实际情况，在对应空格中打钩（√）。

相关陈述	完全反对	部分反对	中间立场	部分同意	完全同意
该畜产品在贵公司所在地的销售价格与全国市场的销售价格相差不大					
贵公司有从全国市场采购饲料的自主权，政府没有强制贵公司从哪些供应商采购					
贵公司有从全国市场采购兽药的自主权，政府没有强制贵公司从哪些供应商采购					
贵公司所在地的饲料价格与全国市场类似饲料的价格相差不大					
贵公司所在地的兽药价格与全国市场的价格相差不大					

6. 请您评价畜产品供应商（包括畜产品的生产和销售企业）对畜产品质量安全标准制定的影响，并在对应空格中打钩（√）。

相关陈述	完全反对	部分反对	中间立场	部分同意	完全同意
与消费者相比，畜产品供应商积极参与到畜产品质量评价标准的制定中去					
在畜产品质量评价标准形成中，畜产品供应商比消费者对新闻媒体施加了更大的影响					
在畜产品质量评价标准形成中，畜产品供应商比消费者对行业协会施加了更大的影响					
在畜产品质量评价标准形成中，畜产品供应商比消费者对各级政府施加了更大的影响					
相对消费者来说，畜产品供应商与质量评价机构的关系更为密切					

7. 下面关于该畜产品的消费者的情况描述，请根据实际情况，在对应空格中打钩（√）。

相关陈述	完全反对	部分反对	中间立场	部分同意	完全同意
在购买畜产品时，绝大多数消费者最看重价格					
在购买畜产品时，绝大多数消费者都不注重品牌					
在购买畜产品时，绝大多数消费者不愿意花更多的钱购买知名品牌的产品					
很少有消费者认为花更多的钱去购买知名品牌的畜产品是值得的					
在购买畜产品时，绝大多数消费者会为了价格而货比三家					

8. 贵公司资产总额为(　　)人民币。

A. 5亿元以上　B. 2亿~5亿元　C. 5000万~2亿元　D. 1000万~5000万元　E. 1000万元以下

9. 贵公司年销售收入为(　　)人民币。

A. 5亿元以上　B. 2亿~5亿元　C. 5000万~2亿元　D. 1000万~5000万元　E. 1000万元以下

10. 贵公司从事畜产品生产或销售业务已有________年（请填写）。

11. 贵公司生产的畜产品主要销售地区是(　　)（可多选）。

A. 华北地区（包括：河北、山西、内蒙古、北京、天津）

B. 华东地区（包括：山东、江苏、安徽、浙江、台湾、福建、江西、上海）

C. 华南地区（包括：广东、广西、海南）

D. 华中地区（包括：河南、湖北、湖南）

E. 西北地区（包括：新疆、陕西、宁夏、青海、甘肃）

F. 西南地区（包括：云南、贵州、四川、西藏）

G. 东北地区（包括：辽宁、吉林、黑龙江）

附录2　消费者问卷

畜产品质量安全的调查问卷

尊敬的先生/女士：

您好！

这是一份来自中国社会科学院的纯学术性问卷，主要目的致力于了解畜产品的质量安全以及畜产品供应商（包括畜产品生产和销售企业）的声誉情况。烦请您在百忙之中抽空完成。您的意见并无对错之分，仅供我们学术研究之用，我们保证不向任何第三方公布，敬请放心！

衷心感谢您的支持，在此致以诚挚的谢意，并祝工作顺利，心想事成！

1. 在下列各种畜产品中，哪一种畜产品您最经常购买，并且对该产品的供应商（包括畜产品的生产和销售企业）情况最为熟悉？（　　）

A. 猪肉　B. 牛肉　C. 鸡肉　D. 牛奶　E. 羊肉　F. 其他

2. 针对您在第一题中选择的畜产品，请您评价社会对该种畜产品的质量的认可程度，并在对应空格中打钩（√）。

相关陈述	完全反对	部分反对	中间立场	部分同意	完全同意
该畜产品供应商生产或销售的产品并未索取高价					
该畜产品供应商会让顾客参与到产品生产或服务提供中去					

续表

相关陈述	完全反对	部分反对	中间立场	部分同意	完全同意
该畜产品供应商在产品生产或服务提供中会认真听取顾客的意见					
该畜产品供应商提供的产品或服务受到人们的欢迎					
该畜产品供应商提供产品或服务的过程是适当的					
该畜产品供应商生产产品或提供服务的技术是合适的					
该畜产品供应商的机构设置是可以理解的、适当的					
该畜产品供应商的领导和员工具有吸引力					
该畜产品供应商已经成为当地社会生活中不可或缺的一部分					
在当地人看来，该畜产品供应商的存在是理所当然的，是完全可以理解的					
当地人都接受该畜产品供应商					

3. 针对您在第一题中选择的畜产品，请根据您对该产品供应商的感知情况，在对应空格中打钩（√）。

相关陈述	完全反对	部分反对	中间立场	部分同意	完全同意
该畜产品的供应商（以下称为他们）知道，为消费者提供高质量的产品符合他们自身的利益					
他们明白，用劣质产品欺骗消费者一定会受到惩罚					
他们明白，用劣质产品欺骗消费者的后果会很严重，因此，我相信他们不会有欺骗行为					
该畜产品供应商的生产体系先进					
根据以往的经验，我没有理由怀疑他们的质量管控能力					

续表

相关陈述	完全反对	部分反对	中间立场	部分同意	完全同意
我对他们的质量管控能力很有信心					
他们具有丰富的质量管控专业知识					
他们总是会考虑消费者的利益					
他们就像我的朋友					
他们会努力确保消费者的利益不受到损害					
他们过去曾经为消费者的利益而做出过牺牲					

4. 您的受教育程度是（　　）。

A. 高中及高中以下　　B. 大学本科

C. 硕士研究生　　D. 博士研究生

5. 您的年龄是（　　）。

A. 20岁及以下　　B. 21~30岁

C. 31~40岁　　D. 41~50岁

E. 51~60岁　　F. 60岁以上

6. 您的性别是（　　）。

A. 男　　B. 女

7. 您的税前月收入为(　　)。

A. 4000元及以下　　B. 4001~8000元

C. 8001~12000元　　D. 12001~16000元

E. 16000元以上

8. 您居住的地区属于(　　)。

A. 华北地区（包括：河北、山西、内蒙古、北京、天津）

B. 华东地区（包括：山东、江苏、安徽、浙江、台湾、福建、江西、上海）

C. 华南地区（包括：广东、广西、海南）

D. 华中地区（包括：河南、湖北、湖南）

E. 西北地区（包括：新疆、陕西、宁夏、青海、甘肃）

F. 西南地区（包括：云南、贵州、四川、西藏）

G. 东北地区（包括：辽宁、吉林、黑龙江）

后 记

改革开放40多年来，我国经济快速发展，人民生活水平显著提高，带来了对畜产品消费的巨大需求，同时也带动了我国畜牧业经济快速发展。在我国畜牧业经济取得巨大发展的同时，由于市场监管制度跟不上畜牧业经济发展速度且生产企业缺乏自律，也带来了令人担忧的畜产品质量安全问题，成为制约我国畜牧业经济健康发展的瓶颈，造成消费者对国外畜产品质量安全信任度普遍高于对国内畜产品的信任度。畜产品质量安全既涉及经济发展问题，又涉及社会民生问题，研究解决畜产品质量安全问题，对促进我国畜牧业经济发展和保障消费者身体健康具有非常重要的意义。

我国既是畜产品生产大国又是畜产品消费大国，培育建立健康的畜产品生产和消费市场，对我国畜牧业经济持续稳定发展至关重要。笔者一直关注研究我国畜产品质量的安全问题，调研分析发现畜产品质量安全存在双重二元性：既有产品实体层面的质量安全，又有消费者心理层面的质量安全；既有官方评价的质量安全，又有消费者评价的质量安全。笔者认为，建立基于质量声誉的畜产品质量安全市场制度环境，实现畜产品质量安全的双重一致性，即产品实体层面和消费者心理层面的质量安全一致性，以及官方评价和消费者评价质量安全的一致性，是解决我国畜产品安全问题的重要途径。

本书以“基于质量声誉的畜产品质量安全问题研究”为题，引用新制度主义理论和研究方法，理论研究和实证分析相结合，重点研究了五个问题：一是阐明了畜产品质量安全的特征及其形成机制；二是刻画了畜产品供应商所处的制度环境；三是阐明了畜产品质量声誉特点及民间质量声誉的形成机制；四是揭示了畜产品供应商的制度环境对畜产品及民间质量声誉形成的影响机理；五是提出了建立畜产品质量声誉，提高畜产品质量安全的对策建议。

以往学界研究畜产品质量安全的成果，大多出于信息不对称和政府市场监管视域，从产品生产技术追溯、市场组织制度规制等角度提出保障畜产品质量安全的措施。本书研究的创新之处在于，从新制度主义理论视角，系统分析了影响畜产品质量安全的制度环境因素，揭示了制度环境、畜产品质量合法性对畜产品质量安全的影响机理，并从建立民间质量声誉的角度，提出了创新畜产品市场的制度环境，推动企业自觉塑造畜产品质量安全合法性，增进消费者心理层面对畜产品质量安全的认同。这个研究结果，在某种程度上为在信息不对称的情况下解决畜产品质量安全问题开辟了新的思路。

本书是笔者在中国社会科学院农村发展研究所从事博士后研究工作期间所取得的研究成果。特别感谢合作导师刘玉满教授，在本书的选题、研究、写作、修改过程中，笔者得到了刘老师的悉心指导。刘老师与笔者一同调研、收集数据，一起确定研究计划、讨论研究内容，为本书付出了诸多心血。在本书的研究和修改讨论过程中，还得到了杜志雄、秦纪庆、戚安邦、张红、黄中伟、王宇露、张兴、王倩倩等师长和同学的帮助，在此表示衷心感谢。另外，还要感谢我的妻子，对我顺利完成博士后研究工作给予了理解和支持。

畜产品质量安全是全世界共同关注且影响因素错综复杂的难题。本书成果仅为建立畜产品质量安全体系添了一砖一瓦。要彻底解决这个问题，让消费者获得完全安全可靠的畜产品，仍有许多问题有待研究和破解。书山有路，学海无涯。由于笔者的学识有限，书中难免有疏漏和不妥之处，敬请读者讨论批评和商榷指正，共同推动我国畜产品质量安全研究不断深入。